KB197389

우리 차, 티푸드를 만나다

Korean Tea and Tea Food Pairing

우리 차,
티푸드를
만나다

정순희 지음

계절에 따라 즐기는 차
그리고 티푸드

들어가며

차를
대하는 마음

오랜 역사를 가진 우리나라 차는 잠시 맥이 끊긴 시대도 있었지만 그럼에도 신라, 고려, 조선 그리고 현재에 이르기까지 계속해서 전해 내려왔습니다. 중국이나 일본에 비하면 생산량과 소비량에서 큰 차이는 있지만 코로나19 사태 이후로 젊은 층에서도 차에 관심을 보이기 시작했고, 차에 관한 취미 생활을 즐기는 분들도 많아지는 추세입니다. 차를 마시는 공간도 곳곳에 생겨나고 있어 산업적으로 예전과 다른 모습을 볼 수 있습니다.

차는 단순히 기호 식품인 음료의 기능도 하지만, 우리의 정신적 면에도 상당한 영향을 끼칩니다. 고요히 차 한 잔을 내리는 행위는 자신을 돌보는 것과 같습니다. 따뜻한 차와 함께 자신을 돌아보는 시간은 각박한 세상을 살아가는 우리에게 힘이 되어 주기도 합니다. 가족과 친구, 또는 차를 좋아하는 사람들과 함께한다면 차는 중요한 소통의 매개가 되어 준다고 말하고 싶습니다.

중국 차, 유럽 홍차, 일본 차 등 세계의 다양한 차를 마시고 즐기는 것도 좋지만, 최근 들어 우리 차에 대한 관심이 다시 커지고 있는 만큼 이 책에서는 우리 땅에서 자란 차와 계절에 따라 달라지는 티푸드를 함께 소개해 드리고자 합니다.

저의 차 생활은 30년이 훨씬 넘었습니다. 처음에는 차를 바르게 우리고 있는지도 모른 채 혼자 차를 만났습니다. 그러던 어느 날, 차를 이렇게 우리고 마시는 것이 맞는지 궁금한 마음에 차 공부를 시작했고 그렇게 시작된 차와의 인연은 지금까지 이어졌습니다. 물을 끓이고 차를 우리면서 마음에 여유로움이 생겨났습니다. 계절과 시간에 따라 차의 종류를 달리하며 마시면 몸에서 느껴지는 것이 달랐고 색다른 즐거움도 있었습니다. 오전 티타임에는 우리 녹차가 좋고, 오후 시간에는 주로 발효된 차를 즐깁니다. 어느 날은 차만 마시고, 때에 따라 다식을 같이 즐기기도 합니다. 특히 빈속에 차를 마셨을 때 불편함을 느낀 적이 있어서 간단히 떡이나 과자를 즐기는 날이 많았습니다. 이왕이면 우리의 사계절에 맞는 티푸드를 곁들이면 좋겠다고 생각했습니다.

티룸을 운영하면서, 매달 다양한 차를 마시며 이야기 나누는 차회(茶會) 때마다 차와 어울리는 티푸드를 직접 만들고 시음하며 티푸드를 연구했습니다. 격식을 차리지 않는 자리에서도 차와 간단한 티푸드는 상대와 나를 대접하는 기분이 들게 합니다. 최근 들어 차와 티푸드에 대한 관심도가 더욱 높아지고 있습니다. 다식(茶食)은 차와 함께 먹기 좋은 한과의 일종으로, 티푸드의 개념은 이와는 조금 다르지만 티푸드 역시 차와 함께 또 하나의 문화를 만들어 가고 있다고 생각합니다.

우리 차와 티푸드의 어울림에 관해 다룬 이 책은 총 7장으로 이루어져 있습니다. 먼저 Part 1에서는 차를 이해하기 위해 차가 무엇인지를 정의하고, 차나무의 모습과 형태 등 차나무에 관해 알아봅니다. 이를 통해 차의 기본적인 개념과 특성, 본질을 이해할 수 있습니다.

Part 2에서는 차의 기원과 한·중·일 나라별 차 역사의 흐름을 살펴봅니다. 차가 처음 시작된 시기부터 시대별로 차의 변천사를 다루며, 나라별로 차 문화가 어떻게 발전해 왔는지를 알 수 있습니다.

Part 3에서는 우리나라의 차에 대해 집중적으로 탐구합니다. 우리나라에서 차가 주로 생산되는 지역을 알아보며 한국 차의 특성과 다양성을 이해할 수 있습니다.

Part 4에서는 현대 차의 분류법과 봄에 따는 차의 이름을 살펴봅니다.

Part 5에는 차를 우리고 마시는 방법을 담았습니다. 차를 우리고 마시는 행위에 집중하여 차를 즐기는 방법에 대한 구체적인 지침을 제공합니다. 일상에서 차 마시는 행위를 보다 풍요롭게 즐기기 위함입니다.

Part 6에서는 일상에서도 차를 즐길 수 있도록 계절별로 어울리는 티푸드를 소개하며, 마지막으로 Part 7에서는 차를 이용한 계절 음료 레시피를 통해 다양한 방법으로 차를 즐길 수 있는 아이디어를 제공합니다.

여러 번의 다회 경험을 바탕으로 이 책을 집필했습니다. 《우리 차, 티푸드를 만나다》를 통해 독자분들이 차와 함께하는 시간을 더욱 의미 있게 보내시기를 바랍니다.

정순희

목차

PART 1

차란
무엇인가?

찻잎이 자라는 차나무는 식물학적으로 동백나무과에 속하는 상록관엽수로 잎이 두껍고 일 년 내내 초록빛을 띤다. 그 잎을 따서 만든 차는 채엽 시기와 제조 방법에 따라 맛과 향이 다양하다. 예를 들어 고려 시대 이규보의 시에는 이른 봄의 어린싹을 따서 만든 차의 향을 가리켜 "부드럽고 순한 것이 어린아이의 젖 냄새 같다"는 구절이 있다. 다채로운 차의 세계를 살펴보고 차는 무엇으로 어떻게 만드는지 살펴보자.

차나무에서 대용차까지,
다채로운 차의 세계

우리는 일상에서 종종 "차 한잔할까?"라는 말을 한다. 커피나 허브차, 겨울에는 유자차나 대추차 등 다양한 음료를 마시는데, 보통은 이 모든 음료를 차라고 생각하지만 엄밀하게 말하면 이들은 차가 아니다. 그렇다면 무엇이 차인가?

차나무의 '차'는 한자인 '다(茶)'에서 유래된 말이다. 중국에서의 '다' 발음이 우리말로는 '차'가 되었다. 차는 차나무의 잎을 우려내서 마시는 음료를 말한다. 찻잎은 종류와 형태가 다양하며, 차나무는 주로 동아시아인 중국, 일본, 우리나라에서 자란다. 차나무에서 딴 찻잎으로 6가지 가공 과정을 거쳐 만든 것만 '차'라고 정의한다.

차를 만드는 방법의 차이로 인해 특유의 맛과 향을 지니게 되는데 현대에는 제다(製茶, 차를 만드는 공정) 방법에 따라 6대 다류, 즉 녹차·홍차·백차·청차·황차·흑차로 나누어진다.

녹차는 발효가 일어나지 않아 맛이 깔끔하고 신선하며, 홍차는 녹차와 반대로 완전발효가 되어 맛과 향이 진하고 깊다. 백차는 최소한의 가공 과정을 거쳐 부드럽고 은은한 맛이 나고, 부분발효차인 청차·황차는 녹차와 홍차의 중간 맛이 나기도 하는데 발효도에 따라 차의 맛 변화가 크다. 특히 미생물이 관여된 흑차는 독특한 풍미가 있으며, 콜레스테롤을 제거해 준다고 하여 한때 크게 유행하기도 했다.

이렇듯 다양한 차가 있다. 같은 찻잎도 따는 시기에 따라 맛과 향이 달라지기도 하니, 차의 세계는 무궁무진하다. 차는 찻잎에 뜨거운 물을 붓고 우려서 마시는데 찻잎에 따라 물의 온도를 달리하면 더 맛있는 차가 되기도 한다. 차를 우리는 작은 주전자(다관)를 사용하면 좋고, 없다면 컵만 있어도 차를 우려 마실 수 있다. 처음부터 각종 다구(차를 마시기 위해 사용하는 여러 도구)를 갖추지 않아도 무방하다. 녹차는 세 번 정도 우리고, 발효차는 몇 번 더 우려 마시기도 하는데 각자의 취향에 따라 차의 맛은 달라진다.

6대 다류의 차뿐만 아니라 허브, 건강 한방차, 커피, 꽃차 등은 차를 대신하여 마실 수 있다 하여 대용차(代用茶)라고 하며 차의 범주 안에 들어 있지 않다. 그렇지만 일상에서는 이 모든 재료로 만든 음료를 차로 통칭하여 부르고 있어 따로 구분하지 않는다. 가정에서나 카페에서 손쉽게 마시는 차는 대부분 대용차로 식물의 뿌리, 열매, 잎, 꽃 등으로 만드는데 카페인이 없는 차도 많아 대중에게 인기가 높다. 요즘은 홍차나 녹차를 베이스로 하여 편리하게 마시는 티백 형태의 차도 많이 생산되고 있다. 특히 얼그레이는 베르가모트 향을 입혀서 만든 가향차에 속하는데 이런 향을 좋아하는 사람들이 많아 선물용으로도 반응이 좋다. 사무실에서 쉽게 마시는 현미가 들어 있는 녹차도 있고, 귤껍질이나 꽃을 넣고 만든 차도 많이 생산되고 있다.

녹차나무, 홍차나무가
따로 있을까?

차나무의 학명은 카멜리아 시넨시스(Camellia Sinensis)이다. 동백과 식물에 속하며, 동백잎보다는 얇고 작은 흰 꽃잎에 수술은 노란색이고 늦가을부터 꽃이 핀다. 꽃과 열매를 한 가지에서 동시에 볼 수 있는 특징이 있다. 작년의 씨앗과 올해 핀 꽃이 서로 만난다고 하여 실화상봉수(實花相逢樹)라고 한다. 낙엽이 지지 않아 일 년 내내 초록빛을 띠는 상록관엽수이기도 하다.

실화상봉수, 차 꽃과 차 열매

● 차 씨앗

차나무의 크기와 품종은 지역에 따라 다르다. 차나무의 형태에 따라 큰 나무인 교목, 중간 크기의 반교목, 키가 작은 관목이 있다. 우리나라의 차나무들은 관목에 속하고 찻잎은 소엽종이다.

이 차나무에서 채엽한 찻잎을 이용하여 가공하는 과정에 따라 6대 다류, 즉 녹차·홍차·백차·청차·황차·흑차가 만들어지는 것이지 녹차나무, 홍차나무가 따로 있는 게 아니다. 좀 더 쉽게 설명하자면 쌀을 재료로 하여 만드는 방법에 따라 밥, 과자, 국수, 떡 등 다양한 음식이 나오듯이 차도 마찬가지이다. 같은 차나무의 찻잎으로 녹차를 만들 수도 있고, 홍차나 그 외 다른 차들을 만들 수도 있다.

차나무의 뿌리는 '직근성'이라는 특징을 가지고 있다. 직근성은 뿌리가 흙, 바위층까지 뚫고 아래로만 내려가는 성질을 말한다. 땅의 풍부한 자양분이 곧게 뻗은

● 찻잎

뿌리를 통해 나무에 흡수되고, 그 자양분은 다시 잎에 저장된다. 만약 옮겨 심게 되면 뿌리를 잘 파내야 하는데 이는 까다로운 일이며 옮겨진 곳에서는 나무가 제대로 살기 어렵다. 처음 심어진 자리에서 평생 살아야 하는 성질을 가진 것이다.

이와 관련해 차나무와 옛 혼례 문화가 연결되는 한 이야기가 있다. 혼례를 하기전, 신부 집에서 신랑 집으로 보내는 함에 다섯 개의 주머니(오방주머니)를 담는다. 빨강, 노랑, 파랑, 하양, 검정의 주머니 안에는 다섯 곡식을 넣는다. 오방색의 의미에 따라 액운 퇴치나 자손 번창, 백년해로 등의 기원을 담는 것이다. 보통은 팥, 콩, 쌀, 목화씨, 수수이지만 지방마다 가문마다 주머니에 넣는 곡식의 종류는 조금씩 다르다. 예를 들어 파랑 주머니에 차의 씨앗을 넣기도 했다. 당시의 사회적 관념에 따라 혼인한 여인들이 그 집안에 뿌리를 내려 잘 살라는 상징적인 의미로 씨앗을 보낸 것이다.

차나무의 갈색 열매는 세 갈래로 갈라지면서 씨를 드러낸다. 도토리나 작은 밤톨처럼 생긴 차나무 씨로 기름을 짜기도 한다.

차가 다이어트에
도움이 될까?

차는 오랫동안 사람들에게서 사랑받아 왔으며, 현대에 들어서는 건강 음료로 더 큰 주목을 받고 있다. 특히 현대인들은 고칼로리 음료를 많이 마시다 보니 비만과 성인병에 걸릴 위험이 커지고 있는 게 현실이다. 이런 상황에서 차에는 칼로리가 거의 없을 뿐 아니라, 다양한 연구에 따르면 성인병 예방과 심지어 암 예방에도 도움이 된다는 사실이 밝혀졌다.

한때 보이차가 다이어트에 효과적이라는 광고가 나오곤 했다. 차에 대한 연구는 18세기 중엽부터 시작되었으며, 지금도 인류의 건강에 미치는 차의 이점에 대한 많은 연구가 이어지고 있다. 그렇다면 차에 들어 있는 유익한 성분으로는 어떤 것들이 있을까? 차의 주요 성분으로는 카테킨, 카페인, 테아닌 그리고 비타민 등이 있다.

옛 문헌에서도 차의 효능을 강조하다

우리나라의 옛 문헌, 특히 《동의보감(東醫寶鑑)》에 차의 약효에 대한 기록이 나와 있다. "차나무의 성질은 약간 차고, 맛은 달고 쓰며 독이 없다. 기운을 내리게 하고, 체한 것을 내려 주어 소화를 돕는다. 또한 머리를 맑게 해 주고, 소변도 잘 나오게 한다." 이 기록은 차가 우리 몸에 미치는 긍정적인 영향을 잘 보여 준다.

카테킨(Catechin), 다이어트의 핵심 요소

차의 핵심 성분 중 하나인 카테킨은 폴리페놀의 일종이다. 이 성분이 바로 차의 떫은맛을 담당하는데, 이 떫은맛에는 놀라운 효능이 숨어 있다. 카테킨은 강력한 항산화제로 체내의 유해 산소, 즉 활성산소를 제거하는 역할을 한다. 활성산소는 세포에 손상을 주어 심장병이나 암을 유발할 수 있기에 이를 제거하는 것은 매우 중요하다.

또한 카테킨은 체내에 지방이 축적되는 것을 억제하고 혈중 콜레스테롤 수치를 낮추는 데에도 효과가 있으며, 이로 인해 체중 감량과 건강 유지에 중요한 역할을 할 수 있다. 그뿐만 아니라 카테킨은 비타민 E나 비타민 C보다 100배나 더 강력한 항산화 효과가 있어 이 성분을 함유한 녹차는 건강에 좋은 세계 10대 식품 중 하나로 손꼽힌다.

카페인(Caffeine)

차에는 카페인도 들어 있는데, 카페인은 잘 알려졌다시피 신체의 중추신경계를 자극해 각성시키는 효과가 있다. 카페인은 쓴맛을 담당하며 이를 섭취하면 졸음을 방지하고 의식이 또렷해져 집중도를 높여 준다. 커피에 들어 있는 카페인에 비해 차의 카페인 함량은 훨씬 낮아, 카페인에 민감한 사람들도 부담 없이 마실 수 있다. 또한 카페인은 이뇨 작용을 도와 체내의 불필요한 수분을 배출하게 해서 몸의 부기를 줄여 주기도 한다. 물론 카페인은 과다 섭취 시 수면에 방해가 될 수 있으니 적당히 즐기는 것이 중요하다.

테아닌(Theanine)

차에 포함된 또 다른 중요한 성분은 바로 테아닌이다. 차의 감칠맛을 담당하는 테아닌은 심신 안정에 기여하는 아미노산의 한 종류이다. 이 성분은 뇌의 신경전달물질에 작용하여 스트레스를 완화하고 긴장을 풀어 주는 역할을 한다. 테아닌을 섭취하면 뇌에서 알파파(Alpha wave)가 증가해 몸과 마음이 이완된다. 그래서 차 한 잔을 마시면 기분이 한결 편안해지는 것을 느낄 수 있다. 재미있는 사실은 테아닌의 성분은 일부 버섯 종류에만 소량 들어 있어 차 이외에 다른 식물에서는 찾기 어렵다는 점이다. 이른 봄에 딴 찻잎일수록 테아닌 함량이 높고, 늦은 잎일수록 함량이 적다. 그래서 테아닌은 봄 차에 많고 여름과 가을 차에는 적다.

비타민(Vitamin)

차에는 다양한 비타민이 풍부하게 들어 있다. 특히 비타민 A·B·C·E는 우리 몸에 필요한 필수 영양소로, 항산화 작용을 통해 노화를 늦추고 피부를 맑게 해 주는 효능이 있다. 이 외에도 차에는 혈압을 억제하는 가바(GABA), 항암 효과가 있는 사포닌, 그리고 충치 예방에 도움을 주는 불소 성분과 향기 성분(아로마 테라피 효과)들이 들어 있다.

다이어트와 건강에 도움이 되는 완벽한 음료

차는 칼로리가 거의 없고 다이어트에 도움이 되는 여러 성분을 포함하고 있다. 카테킨, 카페인, 테아닌 등 차에 들어 있는 성분들은 신진대사를 촉진하고 지방 축적을 줄이며, 스트레스를 완화해 다이어트 중인 사람에게 큰 도움을 줄 수 있다. 또한 차는 비타민과 다양한 항산화 성분을 포함해 노화를 방지하고 피부 건강에도 좋다. 따라서 건강하고 즐겁게 다이어트를 하고 싶다면 하루 한 잔의 차를 꾸준히 마셔 보는 것은 어떨까? 차 한 잔의 소박한 여유가 건강한 생활을 만들어 주기도 한다.

PART 2

차는
언제부터 마셨을까?

차의 역사는 고대부터 시작된다. 불교와 도교의 영향을 받아 한국, 중국, 일본의 차 문화는 시대별로 변화하고 발전해 왔다. 차 문화는 나라별로 각기 다른 배경과 발전 과정을 거치며 오늘날에 이르렀다. 따라서 그 나라의 역사를 알아야 차의 변화와 흐름을 읽을 수 있는 것이다.

중국 차 문화의
흐름

중국에서 시작된 차

차 문화는 전 세계적으로 오랜 역사를 자랑하며, 그 기원과 발전 과정은 매우 흥미롭다. 현재 녹차, 홍차, 커피 등 다양한 음료가 우리 일상에서 중요한 역할을 하고 있는데, 특히 차는 많은 나라에서 특별한 문화적 의미를 지닌다. 예를 들어 인도는 세계 최대의 차 생산국 중 하나로, 다즐링과 아삼 같은 지역에서 고유한 차를 생산하여 세계적인 명성을 얻고 있다. 하지만 차의 기원을 이야기할 때 빼놓을 수 없는 곳이 중국이다.

중국 차의 역사는 약 5,000년 전으로 거슬러 올라가며, 전설에 따르면 신농(神農) 황제가 처음으로 차를 발견했다고 한다. 이 이야기는 차의 역사와 그 유래를 설명하는 중요한 전승으로, 차를 '중국의 선물'로 여기도록 만든 중요한 출발점이 되었다.

신농이 72가지 풀을 맛보다가 독초에 중독되었을 때 찻잎을 먹고 해독되었다고 한다. 신농 머리에는 뿔이

염제신농씨

달렸고 몸은 소의 형상을 하고 있다. 이것은 신농이 농사를 관장하는 신임을 상징한다. 신농은 의학의 신이기도 했다. 중국 최초 의학 서적인 《신농본초경(神農本草經)》에 차를 약용으로 사용한 내용을 볼 수 있다.

이후 차가 대중화된 건 당나라 시기이고, 송나라와 명나라를 거치면서 차 제조법과 차 도구가 발전했다. 중국에서 차는 단순한 음료가 아니라 생필품으로 자리 잡았으며, 차 종류가 다양한 만큼 세계 최고의 차 생산량을 차지하고 있다.

솥에 끓여 마시는 당나라의 차

최초의 차에 대한 정확한 기록은 중국 사천 지역에서 나온다. 기원전 59년, 쓰촨성 출신의 서생 왕포가 쓴 《동약(僮約)》에는 편료라는 노비가 해야 하는 일들을 적어 놓은 기록이 나온다. 그중 매일 해야 할 일로 '무양(武陽, 중국 쓰촨성에 위치한 차 생산지)의 차를 사서 끓이고 다구를 씻어 놓을 것'을 꼽은 글이 있다.

영화 〈적벽대전〉(2008)에도 차에 대한 장면이 등장한다. 적벽대전이 벌어지기 전,

오나라 도독 주유의 아내 소교가 자신을 짝사랑한 조조에게 차를 대접하는 장면에서 무쇠솥에 물을 끓여 가루차를 넣고, 작은 사발에 국자로 차를 담는 모습이 나온다. 이 장면은 덩이차(단차)를 우려 마시는 방법을 보여 준다.

당나라 차를 끓이는 순서 일러스트(위)와 당나라 〈궁락도〉 재현 일러스트(아래)

차는 당나라(7~10세기) 때부터 본격적으로 정착했다. 일반 가정에서 마셨고, 거리에도 다점(茶店)이 생겨났다. 당시에 차는 노쇠한 잎과 쌀죽을 미고(米膏)로 쑤고 찰기를 낸 다음 찻잎에 섞어서 둥근 모양의 병차(餠茶)로 만들었다. 이렇게 만든 병차를 가루 내어 뜨거운 물에 조심스레 넣고 국자로 퍼서 찻사발에 담아 마셨다. 소금, 생강, 대추, 귤피, 수유, 박하 등 각종 향신료를 넣고 끓여 마시기도 했다. "그 차를 마시면 술이 깨고 졸음이 사라진다"라는 문구가 당나라 시기에 육우가 지은 《다경(茶經)》에 기록되어 있으며, 또한 차에 향신료를 넣어 마시는 것을 도랑물에 버리는 것 같다며 한탄하기도 했다.

차는 도가에선 정신 수양의 일종이었으나 선불교 승려나 상류층 문인들에 의해 점차 확산되어 생필품으로까지 자리를 잡는다.

거품 내어 마시는 송나라의 차

송나라 시기로 넘어오면서 차를 쪄서 덩어리 형태로 만드는 '단차의 시대'를 맞이한다. 만드는 과정을 살펴보면 차의 어린잎을 따서 대바구니에 넣고 시루에서 찐다. 다음으로 절구에 넣어 찧은 후 쌀풀 등을 섞고 틀에 박아 낸다. 잘 건조시키기

천목다완(재현품)

위해 차 가운데에 여러 개의 구멍을 뚫고 풍로에 걸어 둔다. 건조된 차는 덩어리라는 의미로 '단차(團茶)'라고 한다.

만드는 것만큼이나 마실 때도 세심한 과정을 거쳐야 한다. 먼저 건조된 차를 조각내서 연마기에 넣어 간다. 거친 가루가 되면 비단 천에 곱게 채 쳐서 분말로 만든다. '천목다완'이라는 흑유 찻사발에 차 가루를 넣고 뜨거운 물을 부은 다음 대나무로 만든 찻솔인 차선으로 저어 마셨다. 흑유 찻사발에 하얀 거품이 올라와 흰 꽃이 핀 듯한 아름다움을 즐기는 차 생활은 사치스럽고 화려했다. 누가 가장 아름답고 맛있는 차를 내는지 겨루는 투차(鬪茶)가 유행하기도 했다.

이렇게 정교한 기술들이 필요한 단차를 서민들이 마시기는 어려웠다. 북송 때 지어진 웅번의 《선화북원공다록(宣和北苑貢茶錄)》에 의하면 특히 북원에서는 황실을 위한 용봉단차를 만들었다고 한다. 용봉단차(龍鳳團茶)는 용과 봉황 문양의 틀에 찍어 만든 차로 엄격하고 정밀하게 만들어졌다. 송나라의 휘종이 지은 《대관다론(大觀茶論)》에도 채엽(찻잎 따기)을 하는 시간과 방법, 만드는 시간까지 상세하게 기록된 것으로 보아 상당히 까다로운 제조 과정을 거치는 차였을 것이다. 황실의 차, 용봉단차는 고려까지 전해졌다.

용봉단차를 만들기 위해 많은 농민의 희생이 있었다는 사실은 잘 알려지지 않았다. 남송 시대의 문헌인 《몽양록(夢梁錄)》에는 '개문칠건사'라는 말이 나오는데, 이는 '아침에 일어나 대문을 열면서 걱정해야 하는 7가지의 중요한 일'이란 뜻이다. 그 7가지는 땔감, 쌀, 차, 기름, 식초, 간장, 소금과 같은 생활필수품이었다. 차가 생활필수품으로 자리 잡은 배경에는 의학적인 용도로도 사용되었기 때문일 것으로 보인다.

명 이후, 찻잎을 우려 마시는 시대

원대까지는 차를 가루 내어 마시는 다법이 있다가 점차 사라지고, 명나라에 이르러 지금의 형태와 같이 찻잎을 다관에 넣고 우려 마시는 포다법(泡茶法)이 등장한다. 명나라의 태조 주원장이 나라를 통치하면서 힘든 제다 과정이 사라지고 편리성을 추구하는 형태로 바뀐 것이다.

명나라 사람인 허차서가 지은 《다소(茶疏)》에서는 명대의 덖음 녹차 제조 과정을 언급하고 있다. 덖음 녹차란 채엽한 찻잎을 300℃의 솥에서 타지 않게 덖어 만든 것을 말한다. 즉, 솥에서 덖은 차를 덖음차라고 말한다. 명나라 때 장원이 쓴 《다록(茶錄)》에는 차를 유념(비비기) 후 건조하는 과정이 기록되어 있다. 지금의 녹차 제다와 다르지 않은 것을 알 수 있으며, 가장 많이 생산되고 소비되었던 차 역시 녹차라고 보인다.

[*] 포다법으로 차 우리는 모습(위)과 명대 자사호(공춘호 재현품)(아래)

명대 이후에는 녹차뿐만 아니라 다양한 차들이 등장한다. 청나라 도광제 때의 기록인 《청가록》에 따르면 옹정 원년(1723)에는 녹차에 꽃향기를 입힌 재스민차가 북쪽으로 퍼져 유행하기도 했다.

송나라의 용봉단차는 엄격하고 까다로운 제다 과정을 거쳐 만들어졌고, 그런 좋은 차를 만들기 위한 농민들의 고통이 극심했다. 그래서 명나라 시대인 1391년에는 태조 주원장에 의해 단차가 금지되었고, 작은 주전자에 찻잎을 넣고 뜨거운 물을 부어 우려 마시게 되면서 그에 따라 다구들도 변화했다. 즉, 끓여 낸 차가 아닌 우린 차를 마셔야 했으므로 찻사발이 더는 필요치 않게 되면서 청자와 흑유 다완은 사라졌다. 대신 잎차를 우렸을 때 우린 차의 빛깔인 탕색이 아름답게 보이는 백자를 선호하면서 차 도구가 다양해졌다.

푸른 코발트 안료가 아랍 지역에서 수입되며 청화백자는 원대보다 더 얇고 정교해졌다. 도자기 산업이 점차 발전하면서 화려한 채색이 들어간 도자기도 나왔다. 광물질인 자사 니료로 만든 자사호는 그 전부터 존재했으나 명대에 이르러 본격적으로 만들어졌다.

차의 색·향·미를 살려 낸다는 중국 의흥(이흥)의 흙인 자사로 만든 자사호(紫沙壺)가 다기 중 최고품으로 여겨졌다. 자사호는 유약을 바르지 않아 통기성이 좋다. 자사는 오래 쓸수록 아름다운 광택이 나고 표면이 부드러우며 섬세해지는데 이것을 양호(養壺), 즉 '호를 길들이고 키운다'고 말한다. 산차를 넣고 찻물을 우리는 찻주전자가 인기를 끌었고, 청대에는 다관의 형태도 손잡이에 따라 모양이 달라지면서 다양해졌다. 차를 호에 넣고 우리는 방법인 포다법은 지금 우리의 차 생활에도 깊숙이 들어와 있다.

오늘날 중국인들은 식당, 길거리 어디에서나 차를 마신다. 보온병에 담아 온 차를 마시는 모습을 쉽게 볼 수 있다. 생활 속에 차가 함께하는 건 그들의 음식 문화와도 연결되어 있다. 조리법이 기름진 음식이 많다 보니 차가 필요할 것이다. 차를 우리기 위한 뜨거운 물을 무료로 주는 등 인심도 후하다.

'중국인들은 어떤 차를 가장 많이 마실까?'라는 질문을 하면 대부분은 보이차를 답으로 예상하겠지만 그렇지 않다. 보이차가 우리나라에 알려질 때 마케팅이 잘되어서 대중에게 인지도가 높아졌을 것으로 본다. 중국에서는 생산량이 가장 높은 차가 소비도 많은데, 그 차는 바로 녹차이다. 유리잔에 찻잎만 넣고 우려 마시기도 한다. 격식 없이 생활 속에 어우러지는 것이 중국인의 차이다.

한국 차 문화의
흐름

우리나라 차의 시작, 삼국 시대

한국의 차 역사는 신라 시대부터 시작된다. 통일신라 시기에 차 문화가 본격적으
로 발전했으며, 고려 시대에는 불교와 함께 차 문화가 번성하였고, 조선 시대에는
유교의 영향으로 차례와 같은 의식에서 중요한 역할을 했다. 현재 한국의 차 문
화는 녹차, 발효차 등을 중심으로 전통과 현대가 어우러져 발전하고 있다.

우리나라에 차는 선덕여왕 시절부터 있었던 것으로 보인다. 828년 흥덕왕이 당에 조공을 보내니, 당 문종이 연회를 베풀고 하사품으로 차를 주었다고 한다. 이때 당나라 사신으로 간 김대렴이 차의 종자를 가지고 와서 지리산에 심은 것이 우리 차 역사의 시작점이다. 지리산에 종자를 심었다는 이 기록상의 위치 때문에 차 시배지에 대한 의견이 분분했다. 현재는 쌍계사 주변을 차 시배지로 보고 있으며, 이곳에서 차와 관련된 비석과 야생차밭을 볼 수 있다.

《삼국사기(三國史記)》에 의하면 왕이 신하에게 차를 하사하였으며, 승려들은 부처에게 차를 공양하거나 자신의 수양을 위해 마셨고, 왕실 승려나 화랑들도 차 문화를 즐겼다고 전해진다. 신라 시대에 유학을 다녀온 승려나 상류층 출신들은 중국에서부터 차 생활을 이미 접했다.

신라의 문인 최치원은 당나라 양주에서 관직 생활을 할 때, 사신이 떠나는 배를 통해 고향 집으로 차와 약을 보냈다는 기록도 나온다. 신라로 돌아온 최치원은 나이가 들어 구름처럼 떠돌면서 하동 화개에 머물기도 했다. 차와 인연이 깊은

차나무 시배지인 하동 쌍계사

ⓒ 하동군

곳이었기 때문일까? 하동 쌍계사 입구 양쪽에 있는 두 개의 큰 바위에는 '쌍계
와 석문'이라는 글이 새겨져 있다.

또한 강릉 동쪽 한송정(寒松亭)에는 차우물(茶泉·茶井)과 돌아궁이(石竈)가 남아 있
는데, 조선 성종 때의 지리서인 《신증동국여지승람(新增東國輿地勝覽)》에 따르면 이
곳은 신라의 화랑들이 놀던 곳이라 한다. 최치원은 진감국사의 무덤 비명에 "누
군가가 차를 보내 주면 그것을 가루로 내지 않고 솥에 넣어 달인다"라고 적어 두
었다. 이 글로 보아 삼국 시대 사람들은 떡차(茶餠)를 갈아 만든 가루차를 마셨음
을 알 수 있다.

거품 내어 마시던 시기, 고려 시대

고려 시대에 들어와 차가 왕실과 귀족, 승려, 문인들로부터 많은 사랑을 받으며
차 문화는 절정기를 이룬다. 연등회, 팔관회, 진다례식 등 연중행사에 차가 나왔

● 고려 시대의 다구들

고, 외국 사신이 와서 대접할 때도 차가 사용되었다. 경남 통도사 사찰 주변에는 다촌(茶村)을 두어 차를 생산하고 공급할 수 있도록 차밭을 가꾸게 했다. 승려들은 잠을 쫓고 수행하기 위해 차를 가까이했다. 사헌부 관리들과 신료들은 국사를 논하기 전, 차를 마시는 시간을 다시(茶時)라고 하여 따로 즐기기도 했다. 이를 통해 고려 시대에는 차와 관련된 기관이 존재했음을 알 수 있다.

고려 시대에는 차와 관련된 여러 기관과 장소가 있었다. 다방(茶房)은 우리가 알고 있는 현대의 다방과는 전혀 다른 개념으로 왕실의 행사인 팔관회, 연등회, 사신 맞이 등 찻일과 관련된 업무를 보는 곳이었다. 차군사(茶軍士)는 궁 밖에서 찻일에 쓰일 다구와 짐을 나르는 군인을 말하고, 다점(茶店)은 오늘날의 카페와 같은 곳으로 차를 마시며 잠시 쉬어가는 곳이었다. 다정(茶亭), 다원(茶院)은 사찰에 설치된 차 마시는 공간으로 왕족과 승려들이 머물다 가는 곳이었다. 이처럼 고려 시

고려 단차

ⓒ 동아시아차문화연구소

대에는 왕실부터 관료, 문인에 이르기까지 차를 즐길 수 있는 다양한 장소가 있었음을 알 수 있다.

고려 시대의 단차 문화에 대해서는 송나라 사신 서긍의 기록에서도 확인할 수 있다. 서긍은 송나라 휘종의 명을 받아 고려에 사절단으로 오게 되었고, 《선화봉사고려도경(宣和奉使高麗圖經)》을 통해 고려의 차 문화를 기록했다. 그는 고려의 토산차를 마시고 "쓰고 떫다"라고 표현했는데, 이는 사신 접빈 다례를 실시하는 동안 차가 식으면서 일어난 현상으로 고려 차가 송나라 차에 비해 수준이 낮았던 것은 아니다.

고려의 차는 송대의 영향을 받아 점다법으로 제다되었으며, 이는 지금의 말차와는 다른 형태로 청아하고 우아한 맛과 향을 즐길 수 있었다. 이 시기에는 청자 찻사발과 다구가 발달하면서 도자 기술 또한 크게 발전했다. 특히 서긍은 고려의 청자를 "비색이 천하제일"이라고 했으며, 고려청자는 중국과 일본으로 수출되기도 했다. 이처럼 고려 시대는 차와 함께 도자의 역사 또한 가장 빛나는 시기였다.

조선 시대의 끓여 마시는 차

조선 시대로 넘어오면서 불교와 더불어 차 문화는 쇠퇴했고 점차 차를 즐기는 사람도 줄어들었다. 미약하나마 왕실에서는 그대로 의식 다례가 행해졌고, 일부 승려와 문인들이 차를 찾기도 했다. 성리학이 통치 이념이지만 차를 좋아했던 조선 왕들의 이야기가 전해진다. 성종은 연남의 작설차가 송나라 북원의 용봉차보다 훨씬 낫다고 평하였고, 헌종은 신하들과 함께 시를 지을 때 다음과 같은 구절을 넣기도 했다. "샘물로 해차를 끓이니 맑은 향이 푸른 창에 스미네."

사헌부 관원들의 차 마시는 절차는 엄격했다. 계좌청 대관들이 다탕(茶湯, 뜨거운 차)

을 마시면서 일을 의논한다 하여 이 시간을 다시라고 이름하였다. 또한 신분이 낮은 십 대 초반의 여자아이들이 의녀로 양성되어 혜민서에서 보조 역할을 하거나, 사헌부에서 다시가 행해질 때 찻일과 수사 보조 역할까지 했는데 이들은 다모(茶母)로 불렸다. 이 기록들을 통해 조선 시대의 차 생활을 조금이나마 엿볼 수 있다. 외국에서 사신이 오면 차를 대접하기도 했다. 또한 우리의 명절에 제사를 지낼 때, 술이 아닌 차로 예를 올렸기에 '차례(茶禮)'라 부르게 되었다고 한다. 이런 차 문화는 임진왜란을 거치면서는 쇠퇴기를 맞이하다가, 조선 후기에 승려나 사대부가의 문인들에 의해 다시 부흥하기 시작한다.

차와 관련된 조선 시대 인물로는 다산 정약용과 추사 김정희가 있다.

이인문, 〈선동전약〉

ⓒ간송미술문화재단

혜장 스님에게 차를 구한 다산 정약용

당파 싸움으로 인해 정약용은 1801년 경상도 장기로 유배되었다가 다시 강진으로 유배되었고, 1808년 봄에는 다산초당으로 거처를 옮겼다. 이 지역은 차나무가 많아 다산(茶山)이라 불렸는데 정약용의 호도 이곳의 이름에서 왔다.

다산초당에서 좁은 오솔길을 따라 20분간 걸으면 백련사가 나온다. 정약용은 백련사 아암 혜장 스님을 만나 차와 학문을 나누며 유배지에서의 벗이 되었다. 다산은 유배 생활로 힘들 때 혜장 스님에게 차를 구하는 편지글(乞茗疏, 걸명소)을 보냈는데, 이 글에는 차를 사랑하는 다산의 마음이 잘 표현되어 있다.

다산은 유배가 풀리기 일 년 전 다신계를 결성한다. 다신계는 차를 따고 만들어서 같이 나누는 모임이다. 이 당시에는 잎차와 더불어 떡차도 같이 사용했다. 찧어

정약용이 유배 생활을 했던 다산초당

강진 백련사

반죽한 차를 동그랗게 만들고 가운데에 구멍을 내서 꿰어 보관하기 쉽도록 했다. 정약용은 왜 그렇게 차를 좋아했을까? 유배 생활로 육체적·정신적으로 힘들었고, 특히 소화 장애가 있어 속을 달래는 약으로의 기능으로 차를 사용하기도 했다. 다산은 고향으로 돌아온 후에도 차를 기다렸기에 제자가 지속적으로 차를 만들어 보냈다.

이 시대의 차 문화에 영향을 끼친 또 다른 차인들이 있다. 아암 혜장 스님의 인연으로 초의선사는 24세에 다산을 만나 사제지간이 되었고, 다산의 아들 유산과 만남이 이뤄지면서 다시 추사 김정희와 차로 인연이 닿는다. 초의선사는 여러 권의 저서를 남겼는데 차와 관련된 대표적인 책으로 《동다

초의선사, 《동다송》

ⓒ 한국민족문화대백과사전

송(東茶頌)과 《다신전(茶神傳)》이 있다. 정조의 사위 홍현주가 차를 만드는 일에 대해 묻자 한국의 다서(茶書)인 《동다송》을 만든 것이다. 중국에 육우의 《다경》이 있다면 한국에는 《동다송》이 있고, 일본에는 《남방록(南方錄)》이 있다.

추사 김정희와 초의선사의 우정

추사 김정희 역시 제주도에서 유배 생활을 하며 초의선사와 차를 통해 깊은 인연을 맺었다. 추사는 제주도로 유배를 가던 중, 초의선사가 있는 대흥사 일지암에서 하룻밤 머물며 친구로서 깊은 우정을 나눴다. 제주에서의 유배 생활은 외부와 차단되는 엄중한 벌이었다. 추사가 그린 〈세한도〉 그림에서 외롭고 황량한 그의 심정이 역력히 보인다. 차를 구걸하는 친구를 위해 초의는 차를 만들어 바다 건너로 추사를 만나러 간다. 이 둘의 우정은 추사가 71세에 세상을 뜰 때까지 차와 함께 이어졌다.

다산 정약용과 추사 김정희의 이야기로 알 수 있듯이 조선 후기는 차 문화가 잠시 활발하게 이뤄지던 시기였다.

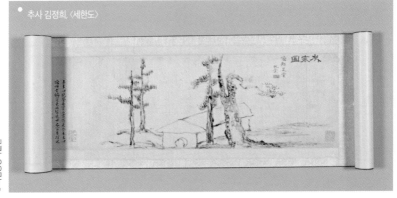

추사 김정희, 〈세한도〉

ⓒ국립중앙박물관

근현대의 차 문화

일제 강점기에 일본인들은 국내 차밭에다 일본산 야부기다종을 심어 다원(茶園)의 면적을 넓혀 나갔다.

1930년대 국내 최초의 상업용 차가 재배된 후, 1950년부터 본격적으로 차 문화가 발전했다. 일본 유학파들이 한국으로 돌아오면서 일본의 차 문화인 다도를 가지고 왔고, 이는 우리의 차 문화를 다시 만드는 기반이 되기도 했다. 1960년대에는 차 재배가 민간 투자에서 이뤄졌으며 정부도 차 산업 확장에 영향을 끼쳤다. 우리 차를 아끼는 차인들로부터 한국의 차 문화 복원 운동이 시작되었던 것도 바로 이 시기이다.

초의선사가 머물렀던 차의 성지, 일지암에서 1980년에 낙성식이 열렸다. 그 이후로 우리 차는 조금씩 알려지기 시작했고, 차인들의 노력으로 새로운 장르를 열었다. 예절교육, 다례, 인성교육 등이 점차 확산되었으며 2000년대에 이르러 차 관

련 대학원들과 디지털 대학들이 생겨나면서 학술대회 포럼이 다수 열렸고 차 박람회도 개최되었다.

근래에는 커피와 함께 음다(飮茶, 차를 마시는 일) 문화가 다양해지고 있다. 20~30년 전에는 '차를 마신다'라고 하면 다도라는 수업을 받는 것 혹은 몇몇이 모여 차를 마시고 담소를 나누는 것에 불과했지만, 최근 코로나19 시대를 지나면서 젊은 층들이 차에 대해 많은 관심을 가지기 시작했다. 그에 영향을 받아 수요자가 늘어나면서 티카페가 여럿 생겨났고 유럽의 홍차나 중국 차에 관한 다양한 수업들도 이뤄지고 있다. 점차 우리 차에 대한 관심이 높아지면서 하동, 보성, 제주 등의 차 산업은 더욱 성장할 것으로 예상하며, 대기업에서는 블렌딩한 차들도 선보이며 소비자가 원하는 방향성에 발맞추고자 노력하고 있다.

이처럼 우리 차의 다양성이 확대되고 문화와 산업이 연결되면서 차에 대한 인지도가 바뀌고 있다. 세계적으로 건강에 좋은 10대 식품 중 하나로 차가 포함되어 있는 만큼, 심신의 건강을 도모하고 삶의 질을 향상시키고 싶어 하는 사람들에게 차는 긍정적인 영향을 주고 있다.

일본 차 문화의
흐름

일본 차의 시작

일본 차의 기원은 헤이안 시대(794~1185) 초기로 추측한다. 중국 승려들에게서
차가 전래되어 일본 에이사이 선사에 의해 약용의 효과가 알려졌고 차 재배도
장려되었다. 덕분에 차회가 유행하여 다도(茶道)로 발전하였다. 이후 일본 다도

역사에서 가장 중요한 인물로 꼽히는 센노 리큐가 다도를 체계화하고 예술적·철학적 깊이를 더했다. 현대 일본에서는 녹차가 일상의 중요한 부분으로 자리 잡고 있다.

당나라에서 들어온 차

한국, 중국, 일본 중에서 일본이 시기적으로 가장 늦게 차를 들였지만, 남송 시대 단차의 점다법을 말차 마시는 방법으로 지금까지 원형 그대로 이어온 것이 일본의 차 문화로 발달하게 되었다.

일본에 차가 처음으로 보급된 시기는 앞서 말한 대로 헤이안 시대였다. 중국 당나라로 유학한 승려와 중국 사절단 견수사 및 견당사가 문물을 받아들이면서 시작되었다. 특히 승려 사이초, 코우카이 등이 중국에서 유학할 당시는 육우의 《다경》이 나왔던 때이므로 그들도 차를 알고 있었다. 귀국하면서 차를 가지고 들어와 절의 경내에 차나무를 심었는데, 차를 대접받은 왕이 차의 재배를 권장했다.

가마쿠라 시대의 차

일본 차의 부흥은 가마쿠라 막부 (1185~1333) 시대의 승려 에이사이 선사가 일본 최초의 다서인 《끽다양생기(喫茶養生記)》를 저술하며 시작되었다. 차가 건강에 유익함을 강조하면서 차의 효능을 기록한

일본 교토에 있는 사찰

책이다. 1214년 에이사이와 가마쿠라 막부 3대 쇼군의 만남은 무사 사회에 차가 보급되는 계기가 되었는데, 가마쿠라 막부가 밤새도록 연회를 즐기고 숙취로 고생하고 있을 때 에이사이 선사가 좋은 약이라며 말차를 건넨 일화가 있다.

차가 고급문화로 무사의 생활에 스며들면서 화려하고 사치스러운 무사들의 투차 모임 등이 유행했다. 투차는 다른 말로 '차 겨루기'라고 할 수 있다. 가루차를 다완에 넣고 뜨거운 물을 부은 다음 차선으로 차를 저어 탕의 빛깔, 광택, 균일함과 같은 차의 색, 향, 맛의 우수함을 겨루는 차 놀이이다.

무로마치 시대와 아즈치모모야마 시대의 차

일본 다도의 완성인 와비차를 만든 승려 센노 리큐는 차에 전반적인 혁신을 가져왔다. 그는 실용성을 초월하여 정신적으로 승화시킨 하나의 의식으로 차 문화를 발전시켰다. 즉, 화경청적과 와비사상을 말해 일본 다도를 완성시킨 것이다.

일본 차회의 모습

화경청적(和敬清寂)은 차를 대하는 4가지 마음으로 화합(和), 공경(敬), 맑음(淸), 고요함(寂)을 말한다. 다실에 모인 사람들은 서로 배려하고 존중하며 차별 없이 화목해야 한다. 또한, 다도라는 말이 생기기 전 손님을 초대하여 일본의 말차를 마시던 방법과 예법을 차노유(茶の湯)라고 하고, 차노유 정신을 '와비'라고도 표현했다. 와비는 '쓸쓸하다', '조용하게 지내다'의 의미를 포함하고 있다.

19세기 이후의 차

이후 센노 리큐의 친자인 도안과 양자 쇼안에게 가통이 이어지면서 그 후손들과 무사들에 의해 일본의 다도 문화가 이어졌다.

19세기에는 일본 차의 생산과 공급이 늘어나면서 잠시 수출도 되었으나 유럽에서 차 수요는 주로 홍차였기에 이내 축소되었다.

무사들만 다루었던 다도는 근현대에 이르러 여성들도 참여할 수 있게 되었다. 특히 말차 문화는 중국에서 들어와 일본의 독특한 문화로 정착되었고, 현대에는 녹차와 각종 차를 이용한 다양한 제품들이 나오고 있어 차 산업이 확대되고 있다.

현대의 일본 차

현재 일본 차 중에는 녹차 종류가 가장 많다. 차양 재배되는 고급 녹차인 교쿠로(玉露, 옥로)와 말차가 있고, 보다 대중적인 차로는 센차(煎茶, 전차), 겐마이차(玄米茶, 현미녹차), 호지차 등이 있으며 그 외에도 다양한 녹차가 있다.

일본 다도

말차에 대한 이미지 때문에 일본인들이 말차를 자주 마실 것으로 종종 생각하지만 전혀 그렇지 않다. 그렇다면 일본인들은 어떤 차를 주로 마실까? 대중적인 녹차로 센차와 호지차가 있다. 센차는 교쿠로 찻잎보다 좀 더 크고 가격은 낮은 편이지만 맛이 좋다. 호지차 역시 대중이 좋아하는 차이다. 차나무 줄기가 들어 있어 단맛이 나고 가격이 높지 않은 편이며 쓴맛이 없는 구수한 맛으로 남녀노소 모두 마시기 좋다. 티백으로 만든 현미녹차는 시중에서 쉽게 만날 수 있는 일본차로 우리나라 마트에서도 살 수 있다.

일본 차

PART 3

우리 차는
어디에서 생산될까?

차를 재배하기 적합한 차 산지의 연평균 강수량은 1,400~1,800mm이다. 토양은 약산성으로, 사력질 토양을 가지고 있는 게 좋다. 그래서 우리나라 차 대부분은 온화한 남쪽 지역에서 주로 생산된다. 대표적인 차 생산 지역은 경남 하동, 전남 보성, 강진, 해남, 장흥, 순천, 제주 등이다.

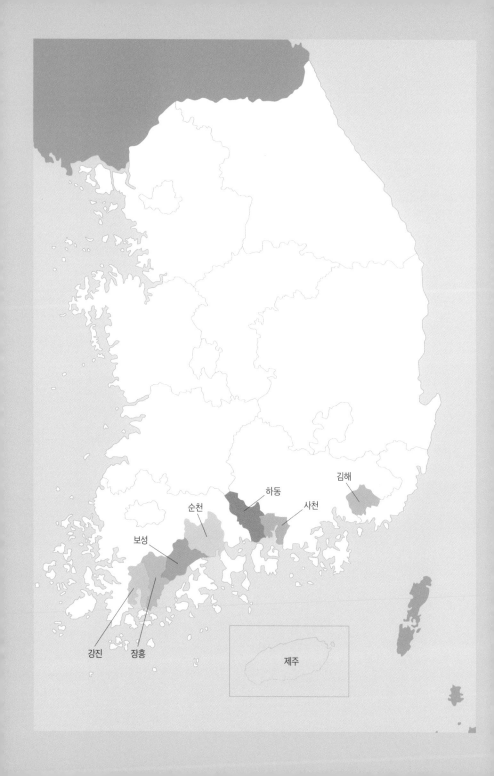

김해

하동

순천   사천

보성

강진 장흥

제주

우리나라
전국 차 지도

우리나라의 대표적인 차 생산 지역으로 전라남도 보성, 하동 그리고 제주를 꼽을 수 있다. 한국 차의 발상지로 알려진 하동은 섬진강과 지리산을 끼고 청정한 자연환경 속에서 차를 재배한다. 우리나라 최대의 차 재배지로 한국 차 생산량의 40%를 생산하는 보성은 관광지로도 인기가 많다. 해양성 기후 덕분에 차 재배에서 최적의 조건을 갖추고 있는 제주 오설록 차밭은 제주의 대표적인 차 생산지로서 좋은 품질의 차 제품을 생산하고 있다.

한국 차의 시배지,
하동

하동은 경상남도 서남부에 위치하고 있다. 하동의 섬진강 화개천은 약 20km에 달하는 화개계곡을 만들어 절경을 이룬다. 육우의 《다경》에 "차는 난석에서 자란 것이 최고이고 자갈 섞인 흙에서 자란 것이 그다음이다"라고 기록되어 있다. 하동 화개동은 모두 난석 지역이고 골짜기가 많아 차를 재배하기 적합한 환경을 가지고 있다. 일조량이 적고 연평균 강수량이 1,400mm이며 고온 다습하여 차가

© 조영태가

한국 최초의 녹차 상표(왼쪽)와 김복순 할머니(오른쪽)

자라기 좋다.

역사적으로는 828년 김대렴이 당나라에서 차나무의 씨를 가지고 와 지리산 일대에 처음 심었다는 기록이 《삼국사기》에 있다. 그 위치는 정확하지 않지만 쌍계사와 화엄사 두 곳을 말하고 있는데, 현재 쌍계사 주변이 차 시배지로 지정되어 있다. 화개면 운수리 인근 정금리에는 우리나라에서 가장 오래된 차나무가 있다. 근대에 들어오면서 화개면 탑리부터 쌍계사를 거쳐 신흥마을까지, 양쪽 산기슭에 약 12km에 달하는 야생차밭과 인공차밭이 조성되어 있다.

하동의 덖음차를 대중화하는 데 크게 기여한 이로 김복순 할머니를 꼽을 수 있다. 김복순 할머니는 일제 강점기에 일본으로 건너갔다가 해방을 맞아 한국으로 들어오면서 남편인 조태연 할아버지와 함께 하동 화개에서 차를 덖었다고 한다. 그 당시는 대중들이 차에 대해 모르던 시절이라 더욱 쉽지 않았다. 1962년에 처음 녹차를 만든 곳에서 찻집을 운영하였고, 한국 최초의 녹차 상표를 등록하기도 했다. 지금까지 후손들에 의해 차 산업이 전해지고 있다.

하동 녹차는 다른 지역에서 생산되는 녹차보다 성분과 맛이 우수하다. 특히 오래 전부터 덖음 기술로 고급 녹차를 다수 생산하면서 타 지역의 녹차들과는 다른 차별화를 추구하고 있다. 현재 여러 곳의 다원에서 녹차 외의 다양한 차를 만들려는 노력을 하고 있다.

그 외에 예전부터 주민들이 만들어 마셨던 발효차가 바로 하동의 홍잭살이다. 작설은 참새의 혀처럼 작고 어린잎으로 찻잎을 만들었다고 하여 이름 지어진 녹차이다. 작설을 하동의 방언인 '잭살'로 불렀고, 발효차로 만들어 '홍잭살'이란 이름의 하동 차로 브랜드화했다. 만드는 과정을 보면 따뜻한 방 안에서 찻잎을 시들리고(그늘에서 건조시키고) 비빈 후 그대로 말린 다음 내려 마셨다. 홍차의 제다법과 같아 탕색은 붉은빛이 돌고, 감기에 걸리거나 소화가 안 될 때 약처럼 마시기도 했다.

하동은 왕에게 진상했던 하동 녹차를 '왕의 차'로 이름 붙여 하동 야생차문화축제를 매년 진행하면서 차의 역사와 전통의 맥을 이어 가고 있다.

아름다운 다원이 많은
보성

보성은 산과 바다, 호수가 함께 있으며 해양성 기후와 대륙성 기후가 만나는 지점이기에 일교차가 커서 차를 생산하기 좋은 조건을 가지고 있다. 차의 생육 조건인 연평균 기온 13.4℃, 강수량 1,450mm인 지역으로 안개가 많고 다습하다. 이런 기후 조건 덕에 《세종실록지리지(世宗實錄地理志)》 토공조에선 보성의 작설차를 제일로 꼽고 있으며, 1741년 지어진 《보성군지(寶城郡誌)》에도 보성 차가 으뜸이라는 기록이 있다.

ⓒ한국관광공사포토코리아_이범수

이런 기록들로 보아 보성에는 예전부터 차나무가 자생하고 있었음을 짐작할 수 있다. 그 예로 득량면 송곡리 마을을 '다전(茶田)'으로도 부른다는 점이 옛 기록을 뒷받침한다. 또한 지금도 문덕면 대원사 벌교 징광사지 주변에는 야생차나무가 자라고 있다.

1939년 일제 강점기에 본격적으로 차밭이 조성되었고 1957년 대한다업에서 인수했다. 현재에 이르러 보성의 계단식 차밭은 우리나라에서 가장 넓은 면적을 자랑하며 국내 녹차의 약 40%를 생산하고 있다.

보성 차는 국가중요농업유산으로 선정될 정도로 차 산업 규모가 크다. 티백으로 만든 녹차와 현미녹차를 비롯해 화장품, 아이스크림, 국수 등 차를 이용한 다양한 제품이 나오고 있다. 국내 최초의 차 문화 행사도 1985년 보성에서 시작되었다. 이후 매년 큰 규모로 행사가 진행되면서 보성다향대축제는 차 산업과 차 문화의 보급 및 발전에 이바지하고 있다.

보성의 녹차밭, 대한다원

©한국관광공사

떡차의 고장인
장흥

장흥은 예로부터 우리나라의 차 재배지였다. 《세종실록지리지》에는 전국 19개 다소(茶所, 차를 생산하고 보관하는 곳) 가운데 13개소가 장흥에 존재했다는 기록이 있다. 또한 보림사 내의 보조선사창성탑비에는 헌안왕이 보조선사에게 왕실에서 내리는 차와 약을 예물로 보냈다는 기록도 있다. 한국 차의 역사를 함께한 보림사의 떡차는 세상에서 잊혔다가, 강진으로 유배 간 다산 정약용의 구증구포(아홉

장흥 보림사

● 엽전 모양이라 돈차로도 불리는 떡차

번 찌고 아홉 번 건조해 만드는 방법)로 만든 죽로차 덕분에 알려지게 되었다. 보림사의 떡차는 승려와 사하촌 할머니들에게로 전승되었다. 일제 강점기에 일본인들은 떡차를 보고 푸른 파래나 이끼처럼 보인다 하여 '청태전(靑苔錢)'이라 이름 붙였다고 한다. 또한 엽전 모양의 떡차는 '돈차'로도 불린다.

떡차를 만들 때는 야생 찻잎을 따서 수증기로 살짝 찐 후, 절구에 넣어 찧고서 다식판으로 모양을 찍는다. 가운데에 구멍을 뚫고 건조가 완전히 이뤄지면 꼬챙이에 꿰어 보관한다. 오랫동안 보관하며 마실 수 있다는 장점이 있다.

떡차는 끓여 마시는 방법이 간단하여 일반인들도 접근하기 좋다. 최근에는 엽전을 닮은 재미있는 모양, 마시기 전 불에 살짝 굽는 방법 등으로 많은 관심을 받고 있다. 감기에 걸렸을 때나 배앓이를 할 때 비상약처럼 마시던 우리 차가 대중들에게 알려지고 있는 건 고무적인 소식이다. 장흥의 몇몇 다원에서는 이런 관심에 발맞춰 떡차 체험 프로그램을 진행하고 있다.

다산의 차 이야기가 담긴
강진

전라도 서남부에 위치한 강진은 서쪽으로는 해남군, 북쪽으로는 영암군, 동쪽으로는 장흥군, 남쪽으로는 다도해 완도를 접하는 지역으로 고려 시대부터 자생해 온 야생차밭을 보유하고 있다.

다산 정약용은 유배지 강진으로 내려와 1808년에 다시 다산초당으로 거처를 옮긴 후 《목민심서》, 《경세유표》, 《흠흠신서》 등을 집필하며 조선 후기 실학을 집성했다. 다산초당과 백련사 간의 오가는 거리가 가까워서였는지 다산은 백련사 혜장 스님과 특별한 인연을 맺었고, 초의선사와의 만남도 이뤄졌다.

다산초당(왼쪽)과 강진 지도(오른쪽)

강진 백운동 원림(위, 왼쪽 아래)과 백운동 옥판봉에서 딴 차로 만든 백운옥판차(오른쪽 아래)

다산은 제자들과 차 모임인 다신계를 만들었고, 유배 후 다시 남양주로 돌아온 뒤에도 제자들에게 차 만드는 일을 당부했다. 소화기가 약했던 다산에게 차는 일상을 함께하는 존재였으며 유배 당시에는 정신적인 위로가 되어 주어 늘 가까이했을 것이다.

월출산 옥판봉 아래에 있는 아름다운 정원 백운동 원림은 다산과 이시헌이 스승과 제자의 인연을 맺어 차를 함께 나눈 곳으로 알려져 있다. 다시 말해 백운동은 조선 선비들이 문화를 교류하며 풍류를 즐겼던 곳이면서 다산 정약용과 초의선사, 이시헌 등이 차를 만든 기록이 있는 우리 차 문화의 산실인 곳이다.

이시헌의 후손인 이한영은 일제 강점기인 1920년대 '백운옥판차'라는 우리나라 최초의 차 브랜드를 만들었다. 처음엔 금릉월산차('금릉'은 강진의 옛 지명이고 '월산'은 월출산을 의미)였지만 상표가 분실되어 백운옥판차라 하고 차를 판매하였다. 이 내용은 1490년 일본인 모로오카 다모쓰와 이에이리 가즈오의 공저 《조선의 차와 선》에 기록되어 있다.

강진은 고려 시대에 차 문화를 꽃피운 곳이자 차와 도자기 문화가 함께 있었던 특별한 지역이다.

새로 만들어진 차밭, 제주

천혜의 자연환경이 펼쳐진 제주는 오염이 적은 청정 지역이다. 아열대성 기후를 가진 제주의 토양에는 화산재가 포함되어 있다 보니 유기물 함량이 높아 차나무가 자라기 좋다.

제주 수망다원(왼쪽)과 추사 김정희 전시관(오른쪽)

제주에도 차와 관련된 역사적 이야기가 있다. 헌종 6년, 추사 김정희는 윤상도 옥사 사건에 연루되어 제주도로 유배되었다. 당시 다산이 친구인 초의선사에게 보낸 편지에는 차를 보내 달라는 내용이 있다.

"나는 사(초의선사)를 보고 싶지 않고 또한 사의 편지도 보고 싶지 않으나 다만 차(茶)의 인연만은 끊어 버리지도 못하고 쉽사리 부수어 버리지도 못하여 또 차를 재촉하니, 편지도 보낼 필요 없고 다만 두 해의 쌓인 빚을 한꺼번에 챙겨 보내되 다시 지체하거나 빗나감이 없도록 하는 게 좋을 게요. 모두 뒤로 미루고 불식(不食)."

초의선사에게 투정 부리듯 차를 재촉하는 추사의 글에서 제주살이로 인한 외로움과 쓸쓸함을 엿볼 수 있다.

1983년 아모레퍼시픽(태평양) 그룹은 15만 평을 차밭으로 개간하고 제다 공장을 만들었는데, 이것이 오설록 도순다원이다. 그 후에도 설립된 여러 다원은 생산과 함께 관광지로도 유명해졌다. 차를 이용한 디저트도 다수 생산되고 있어서 차 산업에 영향을 미치고 있다.

오설록에서는 녹차, 가루 말차, 발효차 및 블렌딩차 등이 생산되고 있다. 제주의 화산 토양은 배수성이 좋고 미네랄이 풍부하여 녹차의 풍미를 더욱 깊게 해 주고 감칠맛이 좋게 한다. 가루 말차는 차광 재배를 이용하여 차 맛이 부드럽다. 특히 가루 말차를 이용해 만든 녹차 아이스크림의 인기가 대단하다. 그 밖에 홍차를 베이스로 하여 제주 영귤을 블렌딩한 차, 동백꽃·유채·과실 등이 어우러진 블렌딩차 등이 나오고 있다.

녹차 아이스크림

그 외의
차 지역들

하동, 보성, 제주 외에도 우리나라에는 다양한 차 생산지가 분포되어 있다. 특히 남쪽 지방에서 차 재배가 활발히 이루어지는데, 이는 온화한 기후와 적절한 토양 조건을 갖추고 있기 때문이다. 경상도에서는 김해와 사천이 대표적인 차 생산지로 꼽히며, 이들 지역에선 독특한 향미를 가진 차가 생산된다. 또한 전라도에서는 정읍, 장성, 영암, 해남 등에서 차 재배가 이루어지고 있다. 규모가 작은 생산지이지만 각각의 지역적 특성에 따라 다채로운 품질과 풍미를 가진 차를 생산한다. 한국의 차 산업은 다양한 지역에서의 차 재배를 통해 그 영역을 확장하고 있으며, 각 지역의 차는 저마다 고유한 맛과 향을 자랑한다.

장군의 호칭을 얻은 김해 차

경상남도 김해에는 특별한 차가 있다. 철기문화의 중심지였던 가야의 왕비 허황옥이 김수로 왕과 혼례할 당시, 예물로 봉차(奉茶)를 가져왔다는 역사 속 전설이 《삼국유사(三國遺事)》를 통해 전해진다. 가야는 현재의 김해 지역에 있었다.

고려 시대에는 충렬왕이 군사들을 사열하기 위해 김해에 왔다가 자생하는 차를 맛보고 '장군(將軍)'이라는 이름을 내렸다고 한다.

지금까지도 다전로(茶田路), 다곡(茶谷) 등 차와 관련된 지명이 김해에 남아 있다.

순천, 불교 수행을 위해 차를 만드는 곳

순천에는 1,500년의 역사를 가진 선암사가 있다. 통일신라 말기에 도선국사가 이곳 선암사 일주문 주변에 차나무를 심었던 것이 차의 시작이라고 전해진다. 그 이후 고려의 승려인 대각국사는 선암사 칠구선원 주변에 차를 심었다고 한다. 선암사 스님들은 해마다 5월이 되면 수행의 일환으로 다 같이 차를 만든다.

사천의 진양호 녹차 단지

경상남도 사천에 있는 진양호 호숫가에는 녹차 단지가 조성되어 있다. 이곳은 해양성 기후 영향을 받아 연교차가 적다 보니 여름에는 시원하고 겨울에는 따뜻해서 질 좋은 차를 생산한다. 차를 시식하고 다양한 차 관련 체험을 할 수 있는 다자연녹차원문화센터가 있다.

PART 4

한국에는
어떤 차가 있는가?

한국의 차는 다양한 재료와 제조 방법을 통해 맛은 물론 건강적인 효능까지 제공한다. 생산하는 차의 종류도 다양한데, 찻잎으로 만든 녹차가 가장 대표적이고 찻잎을 발효시켜 만든 발효차는 구수하며 깊은 맛을 내는 것이 특징이다. 그 밖에 생강차, 대추차, 오미자차와 같은 한방차와 여러 꽃차의 수요도 많다.

전통과 변화를
담은 우리 차 _____

우리나라에서는 여러 차 가운데 녹차가 가장 많이 생산되고 있으며 다양한 발효
차도 만들어지고 있다. 산업적으로 가장 많이 생산되고 소비되는 차는 쉽게 우
려 마실 수 있는 티백 녹차이다. 우리 입맛에 잘 맞는 현미녹차의 생산량도 많다.
발효차는 제다 방법으로 보면 대부분 홍차로 볼 수 있다. 그 외에 예전부터 내려
오는 차로는 증기로 찐 다음 찧어서 틀에 박아 만드는 떡차가 있다. 또한 소비자
들의 성향에 맞추어 새롭고 다양한 차를 선보일 수 있도록 다양한 시도를 하고
있는데 유자병차, 죽통차, 백차, 황차 등이 소량으로 생산되고 있다.

현대 차의 분류법, 6대 다류

현대에 들어와 차의 가공법 분류는 녹차, 백차, 황차, 청차, 홍차, 흑차의 6가지로 나뉜다. 중국에선 이런 방법의 분류를 '6대 다류(六大茶類)'라고 정의한다. 찻잎은 딴 후부터 산소를 접하면서 산화 발효가 일어나 차의 색, 향기, 맛이 달라진다. 그중 차의 발효는 불발효, 완전발효, 반발효, 후발효(미생물 발효)로 나뉜다. 가공 과정, 즉 차를 만드는 방법과 발효도 정도에 따라 분류되는 6대 다류에 관해 알아보자.

녹차(綠茶)

채엽 후에는 찻잎에 있는 폴리페놀 산화효소가 활성화되는 것을 막기 위해 열처리(살청)를 하게 된다. 녹차는 크게 300℃의 솥에 덖는 방식으로 만드는 덖음 녹차, 뜨거운 수증기에 쪄서 만드는 증제 녹차로 구분된다. 제다에 있어 발효가 일어나지 않도록 다루기에 '불발효차'라고도 한다. 맛과 향이 싱그러운 녹차는 우리나라에서 가장 많이 생산되는 차다. 채엽 시기에 따라, 그리고 수제 또는 기계 제다인지에 따라 차의 가격이 형성된다. 이는 일본이나 중국에서도 마찬가지이다.

하동은 야생차를 기본으로 하며 수제 제다와 기계 제다가 함께 이뤄지고 있고, 보성이나 제주의 큰 다원들은 대량 생산을 위한 기계 작업이 비교적 많은 편이다.

최근 젊은 층에선 녹차 가운데서도 일본의 말차에 많은 관심을 보이고 있다. 일본도 차 가운데 녹차 생산량이 가장 많고 종류도 다양하다. 덖음차보다는 뜨거운 물에 찌는 증차(蒸茶), 증제차가 많다. 말차는 녹차의 한 종류인데 20일 정도 차광 재배를 하여 기른 녹찻잎을 갈아 만드는 가루차이다. 큰 잔에 가루차를 넣고 뜨거운 물을 부은 후 거품 내어 마시면 고소한 맛을 느낄 수 있다.

차 덖는 모습(위)과 건조 과정(아래)

말차에는 종종 예쁜 다과를 함께 곁들인다. 말차를 마시기 전, 팥양갱이나 모찌 또는 떡 같은 계절에 맞는 다과를 먼저 먹는 것이 말차 다법이다.

일본에는 그 외에도 차광 재배한 옥로가 있고 전차와 현미녹차가 있으며, 강하게 덖은 호지차도 인기가 많다. 이 모든 차가 녹차의 일종이다.

우리나라도 제주나 보성에서 만든 말차가 들어간 음료 및 식품이 증가하면서 산업적으로 성장하고 있다.

녹차를 만드는 제다 과정은 '채엽-살청-유념-건조' 순으로 이뤄진다.

- **채엽**(採葉) 찻잎 따기 과정으로 채다(採茶)라고도 한다. 4~5월까지 오전 중에 찻잎의 싹 1창 1기를 딴다. '1창 1기'란 차의 싹이 나면서 뾰족하게 올라온 잎과 먼저 나온 찻잎을 말하며, 중국에서는 '1아 1엽'이라 한다.
- **살청**(殺青) 폴리페놀 산화효소가 활성화되지 않도록 고온인 300℃ 정도의 솥에 채엽한 찻잎을 넣고 덖는 과정이다.
- **유념**(揉捻) 찻잎의 세포조직을 파괴하여 차의 성분이 잘 우러나게 하고 찻잎의 수분을 고르게 하며, 찻잎의 형성과 부피를 줄이려는 목적으로 찻잎을 비비는 과정이다.
- **건조**(乾燥) 찻잎을 말리는 과정으로 솥이나 기계를 통해 마무리한다.

채엽 시기에 따른
분류

국내에서는 4월 중순부터 5월 중순까지 연간 3~4회 채엽을 한다. 녹차는 채다 시기에 따라 부르는 이름이 다르다. 절기에 따라 4월부터 6월 중순까지 수확하 는 순서대로 우전(雨前), 세작(細雀), 중작(中雀), 대작(大作)이라고 한다. 수확한 시기 에 따라 가장 먼저 채엽한 차를 첫물차라 하며 다음으로는 두물차, 세물차, 네물 차로 나눈다.

예로부터 녹차는 어린싹을 따서 만든 것이 아미노산 성분이 많아 감칠맛이 풍부해서 으뜸으로 여겨졌고 카페인 함량도 높다. 채엽 시기가 늦어질수록 카테킨 성분이 증가되어 쓰고 떫은맛이 많아진다.

- **우전(雨前)** 절기 중 곡우인 양력 4월 20일경에 채엽한 차를 우전이라 한다. 봄의 새싹으로 만든 차는 수량이 적고 맛과 향이 좋은 고급 차이다.
- **세작(細雀)** 곡우에서 입하(양력 5월 5일경) 사이에 채엽한 차를 말한다. 세작은 참새의 혀를 닮았다고 하여 '작설차(雀舌茶)'로도 불린다. 《동의보감》에 따르면 작설차는 기를 내리고 소화를 도우며 머리를 맑게 하고 이뇨 작용의 효능이 있다고 한다.
- **중작(中雀)** 5월 초부터 20일까지 채엽한 중작은 세작보다 잎이 크다. 제다 과정을 통해 고소한 맛을 낸다.
- **대작(大雀)** 5월 15일 이후에 따는 차로 큰 잎을 딴다.

백차(白茶)

백차는 솜털이 많이 있는 여린 새싹, 1아 3엽(새싹을 포함한 3장의 찻잎), 또는 노쇠한 큰 잎까지 채엽해서 만든다. 약간의 산화(5~15%)가 일어나며 다른 차에 비해 가공 과정이 단순하다. 맛이 깔끔하고 탕색은 연한 미색을 띤다. 차로 만들어 오래 두고 마셔도 무방하다. 한의학에서는 백차가 열을 내려 주는 효과가 있다 하여 약으로도 사용한다. 큰 잎의 백차는 끓였을 때 잘 우러나서 깊은 맛이 난다.

※ 제다 과정 채엽-건조

황차(黃茶)

황차는 녹차와 비슷하지만 추가 발효를 거쳐 노란색을 띠게 된다. 살청과 유념 후에 찻잎을 종이나 천에 싸서 통풍이 되지 않게 한 다음 온도는 55℃ 내외, 습도는 20~60%까지 떨어지도록 해서 3~7일 정도 두면 노랗게 황변(黃變)이 일어난다. 이렇게 하여 약하게 발효가 일어나는 제다 과정을 민황이라고 하며, 민황을 거친 차를 황차라고 부른다.

이 과정을 거치고 나면 약한 미생물 발효가 일어나 떫은맛이 줄어들기에 차를 부드럽고 편하게 마실 수 있다.

※ **제다 과정** 채엽-살청-유념-민황-건조

청차(靑茶)

가공 후의 찻잎 색상이 청갈색이라 청차라고 한다. 흔히 오룡차, 우롱차로도 불린다. 반발효차이고 제다 과정은 지역마다 조금씩 다르다. 특히 청차는 대바구니에 찻잎을 넣고 흔들어 세포막을 파괴해서 발효가 일어나도록 유도하는 요청(搖靑) 과정을 거치는 것이 특징이다. 요청의 강도에 따라 발효도가 20~80%에 이른다.

청차는 꽃 향이나 과일 향이 풍부해 많은 사람들이 좋아한다. 우리나라에서는 흔하게 생산하진 않지만 다원마다 조금씩 만들어 새롭게 시도하는 경우가 많다. 세계적으로 청차가 많이 나는 곳은 대표적으로 대만, 중국 푸젠성과 광둥성 등이다.

※ **제다 과정** 채엽-위조(시들리기)-주청(요청)-살청-유념-건조

홍차(紅茶)

홍차는 찻잎의 산화 발효 정도가 95%까지 이르는 완전발효차이다. 건조된 잎이 검은빛을 띠고 있어 영어로는 'black tea'라고 부르고, 동양에서는 차를 우리고 난 뒤 탕색이 붉어서 '홍차'라고 부르게 되었다. 전 세계 차 소비량에서 제일 많은 비중을 차지하는 홍차는 가장 대중적인 차이기도 하다. 유럽과 영국에서 사랑받던 차, 아편 전쟁까지 일으켰던 차의 주인공은 홍차였던 것이다.

세계 최초의 홍차는 중국 무이산에서 나는 정산소종이었다. 무이산 동목관 지역에서 찻잎을 따 놓았는데 전쟁으로 제다할 시간이 지나 버렸고, 그 찻잎으로는 녹차를 만들 수 없어서 홍차가 만들어졌다는 이야기가 있다. 특히 이 지역에 백송이 많아 땔감으로 사용하는 숯으로 건조 과정을 거치면서 훈연 향이 나는 특별한 홍차가 완성되었다.

현재 홍차 생산량이 많은 곳은 인도와 스리랑카이다. 이곳에서 생산되는 차는 유명한 브랜드를 통해 판매되고 있다. 건강과 힐링을 중시하는 세계적인 흐름과 더불어 홍차 시장은 계속해서 활성화될 것으로 보인다.

※ 제다 과정 채엽-위조-유념-발효-건조

흑차(黑茶)

흑차는 미생물에 의해 발효가 진행되는 후발효차로 퇴적 과정을 거쳐 만들어진다. 온도, 습도가 관여되어 찻잎의 성분이 변화하면서 시간이 지날수록 특유의 풍미와 맛이 좋은 차가 된다. 중국에서는 지역마다 다양한 흑차가 다수 생산되는데 대표적인 차가 보이차이다.

오래된 흑차는 가격이 높다. 희소성도 있고, 차를 마셨을 때 한결 부드러움을 느낄 수 있기 때문이다. 하지만 가격이 높을수록 좋은 차라고 할 수만은 없고, 개인의 취향에 따라 좋아하는 맛의 기준이 다르기에 본인에게 잘 맞는 차를 고르는 것이 중요하다.

※ 제다 과정 채엽-살청-유념-퇴적(악퇴)-건조

재가공차(再加工茶)

녹차, 홍차, 청차 등을 이용하여 차의 질과 외형을 변화시키기 위해 꽃이나 다른 재료로 다시 가공한 차를 말한다. 대표적으로 재스민차가 있다. 한 층은 녹차로, 그 위층은 재스민 꽃으로 겹겹이 올리는 음화 과정을 거쳐 만든다.

그 밖에 유자 속을 파내고 차를 채워서 찌고 말려 만드는 차가 있고, 오룡차에 장미꽃을 넣어 만드는 차도 있다. 또 찻잎을 묶어서 물에 담갔을 때 꽃이 열리도록 하는 차도 있다.

PART 5

차
우리기

차를 마시고 우리는 행위는 단순한 음료의 기능을 넘어 역사와 문화를 담고 있는 예술적인 과정이다. 우리는 과정은 차의 종류에 따라 다르지만 그 기본 원칙과 예절은 공통적으로 중요한 의미를 지닌다.

차 우리는
다구들

차를 우릴 때 필요한 다구가 있다. 물론 다구가 없다고 차를 못 마시는 건 아니다. 머그잔과 거름망만 있어도 차를 우려 마시는 건 가능하지만, 조금 더 격식을 갖추고 싶다면 몇 가지 다구가 도움이 될 것이다. 우리나라 차를 우릴 때는 백자나 분청 또는 유리 등의 소재로 된 다구가 좋다. 가루 말차를 마실 때는 다완을 사용한다.

청자 다관

고려 시대에 차 문화가 확산되면서 옥빛이 나는 청자 다구의 수요가 늘어났고 다관 역시 발달했다. 당시에는 찻잔으로 사용한 다완이 주로 만들어졌다. 그 외의 다구로는 따뜻한 물을 담는 탕병과 찻잔 받침도 있었다. 현대에 이르러 재현된 옛 다구들을 찾는 이들이 많아지면서 청자는 차인들의 관심을 끌고 있다.

백자 다관

다관은 차 우리는 도구를 말한다. 찻잎을 넣고 뜨거운 물을 부어 차를 우린 다음, 찻물을 식힐 수 있도록 우린 찻물을 부어 사용하는 사발인 숙우나 찻잔에 붓는다. 손잡이가 옆으로 붙어 있는 모양의 다관을 횡파 다관이라 하며, 그 밖에 손잡이 위치에 따라 손잡이가 위에 있는 상파 다관, 손잡이가 뒤에 달린 후파 다관 등이 있다. 본인이 사용하기 편리한 것을 이용하면 된다.

분청 다관

분청 다관은 유약이 분을 바른 것처럼 뽀얗게 보이며, 흙의 입자가 커서 찻물이 밖으로 은은하게 배어드는 것이 특징으로 다관이 멋스럽게 변하는 모습을 볼 수 있다. 주의할 점은 사용 후 잘 건조해서 보관해야 한다는 것이다. 우리 발효차를 분청 다관에 넣어 우리면 훨씬 좋은 맛을 낸다.

유리 다관

초심자들이 가장 사용하기 쉬운 다구는 유리로 된 다관일 것이다. 어떤 차를 넣어 우려도 맛의 변화가 적기 때문이다. 찻잎이 우려지는 모습을 감상할 수 있는 것도 장점이다.

숙우(熟盂)

다관에서 찻잔으로 바로 차를 따르면 찻잔마다 농도가 일정하지 않게 된다. 찻잔에 차를 따르기 전에 숙우를 이용하면 누구나 같은 차를 마실 수 있다.

다관에서 우린 차를 숙우에 부었다가 다시 찻잔에 부어 마시기도 하고, 물의 온도를 낮추어 차 우리는 용도로 숙우를 사용하기도 한다. 손잡이가 없는 숙우는 차를 따랐을 때 뜨거울 수 있어서 좀 더 조심스럽게 다뤄야 하고, 손잡이가 있는 것은 초심자들이나 외국인들이 사용하기에 적합하다.

차칙

찻잎을 뜨는 도구를 말하며 나무, 유리, 도자기 등 다양한 소재로 되어 있다.

찻잔 받침

찻잔을 받치는 용도로 사용되는 찻잔 받침은 손님에게 건넬 때 사용하기 좋고, 예를 갖추는 형식에도 어울리는 다구이다. 나무, 철재, 천 등 다양한 소재의 받침을 사용할 수 있다.

퇴수기

차를 맛있게 우리려면 먼저 찻잔을 예열하는 것이 중요하다. 찻잔을 따듯하게 데우고 깨끗하게 소독할 수 있도록 돕는 도구가 퇴수기이다. 즉, 예열된 찻잔의 물을 버리거나 찻잔을 헹굴 때 필요한 그릇이다. 집에서도 흔하게 사용되며 약간 큰 그릇을 사용해도 무방하다.

전기포트, 탕관

차를 우리기 위해선 뜨거운 물이 필요하다. 전기포트가 가장 손쉽게 사용할 수 있고 물이 빨리 끓어서 좋지만 빨리 식는다는 단점이 있다. 철로 만든 탕관은 열이 오래가고 물맛도 좋지만 무거운 것이 단점이다. 자신의 차 생활에 가장 적절한 탕관을 찾아보면 좋을 것이다.

말차용 다완, 차시, 차선

가루 말차를 차로 마시려면 말차를 담을
그릇인 다완이 필요하다. 청차, 분청, 백자,
유리 등 어떤 소재로 된 다완을 사용해도
무방하다. 또한 말차를 뜨기 좋은 도구인
나무로 만든 작은 숟가락, 즉 차시가 필요
하다. 차선은 대나무를 쪼개서 만든 거품
기 같은 것으로, 부챗살처럼 가늘게 되어

있다고 하여 차선이라 부른다. 가루 차를 부드럽고 곱게 격불(거품 내기)을 할 때
필요한 다구이다.

색다르게 즐기는 다구

차를 즐기는 사람들이 많아지면
서 중국 다구에 대한 관심이 높
아지고 있다.

취향에 따라 편리하게 사용할
수 있는 다양한 다구들이 있다.
특히 개완(뚜껑이 있는 찻잔)은 차
를 우리거나 개인 찻잔 용도로

도 사용할 수 있다. 자사호는 통기성이 좋고 차 맛을 한층 좋게 해 주기도 하며,
자주 사용함에 따라 자사호가 윤택해지므로 차인들이 즐겨 사용한다. 유리 또는
도자기로 만든 공도배(숙우)도 편리하게 자주 사용되는 다구이다.

계절에 따라
차 내리기 _____

일상다반사(日常茶飯事)라는 말이 있다. '밥 먹고 차 마시는 일'이란 뜻으로 보통 있는 예사로운 일을 가리키는데, 이 말을 통해 옛사람들이 일상에서 차를 얼마나 즐겨 마셨는지를 알 수 있다. 오전과 오후 그리고 저녁 시간, 날씨나 기분 또는 계절에 따라 변화를 주는 차 생활은 즐겁다.

싱그러운 봄의 차

● 녹차(우전, 세작)

4월 중순부터 찻잎을 따고 덖어서 만든 햇차가 나오기 시작한다. 봄은 싱그럽고 청량한 녹차를 즐기기에 그만인 계절이다. 여린 싹 찻잎을 따서 높은 온도의 솥에 넣어 살청 과정을 거치고 비비기(유념) 작업을 한다. 유념은 차를 우렸을 때 찻잎의 성분이 잘 우러져 나오도록 하는 작업이며 부피를 줄이는 작용도 해 준다. 마지막 건조 과정을 거친 찻잎은 진한 청록빛을 띤다.

●
녹차 우리기(2인분)

재료 녹차 3g, 뜨거운 물 130ml
1. 다구와 뜨거운 물을 준비한다.
2. 찻잎을 덜어 놓고 다관과 찻잔을 예열한 다음, 예열에 사용한 물은 퇴수기에 버린다.
3. 다관에 찻잎을 넣고 80~85℃의 물을 부어서 30초에서 1분 동안 우린다.
4. 다관에서 우린 찻물을 찻잔에 세 번 나누어 따라 마신다. 이는 차 맛을 같게 하는 의미가 있다.
5. 두 번째로 우린 차는 바로 숙우에 붓고 찻잔에 따라 마시면 된다.
6. 세 번까지 우려 마시면 적당하다.
※ 물의 온도에 따라 차를 우리는 시간은 달라질 수 있다.

초록빛 초여름의 차

● 보성 증제 녹차

날이 더워져서 적당한 온도로 차를 마시고 싶다면 증차로 제다된 차가 적합하다. 증차(증제 녹차)는 찻잎을 덖지 않고 수증기로 쪄서 만들기에 찻잎이 부드럽다. 차향은 파래 향이 나는 듯하여 바다를 연상시킨다. 물 온도를 낮추어서 우리는 특성이 있다 보니 6월부터 날이 더워지기 시작할 때 증차를 즐길 만하다. 한여름에는 아이스티로 마셔도 좋다.

증제 녹차 우리기(2인분)

재료 증제 녹차 4g, 뜨거운 130ml
1. 다구와 뜨거운 물을 준비한다.
2. 찻잎을 덜어 놓고 다관과 찻잔을 예열한 다음, 예열에 사용한 물은 퇴수기에 버린다.
3. 다관에 찻잎을 넣고 70℃로 식힌 물을 붓는다.
4. 1분간 우린다.
※ 우리는 온도가 높으면 차 맛이 떫고 쓰기 때문에 물의 온도를 잘 다뤄야 한다.
※ 물의 온도에 따라 차 우리는 시간은 달라질 수 있다.

녹차아이스티 냉침하기(2인분)

재료 녹차 7g, 실온의 물 500ml

1. 찻잎 7g을 티포트에 넣고 실온의 물 500ml를 붓는다.
2. 뚜껑을 덮고 냉장고에 넣어 4~6시간 정도 우러나게 둔다.
3. 찻잎을 걸러서 투명한 유리잔에 담아 마시면 좋다.

※ 물의 온도를 낮추어서 우리면 쓰고 떫은 맛이 적다. 이것은 카페인 성분이 적게 나오는
   결과를 얻게 되어 카페인의 영향을 덜 받게끔 한다. 그렇다고 하여 차갑게 자주 마시는
   것은 지향하지 않는다.

급랭 아이스 냉침법(2인분)

재료 찻잎 6g, 뜨거운 물 100ml, 얼음 150g

1. 찻잎을 티포트에 넣고 90℃의 뜨거운 물을 붓는다.
2. 3분간 진하게 우리고 그 위에 얼음 150g을 잔뜩 올려서 급랭한다.
3. 거름망으로 거른 후 차가운 물을 첨가해서 기호에 맞게 마신다.
※ 여름날, 갑자기 손님에게 차를 대접해야 할 때 빠르고 시원하게 우릴 수 있다는 장점이 있다.

얼음녹차 만들기(2인분)

재료 녹차 6g, 따뜻한 물 130ml, 얼음 케이스

1. 다관에 찻잎을 넣는다.
2. 70℃의 물을 다관에 붓는다.
3. 3분간 우린다.
4. 얼음 케이스에 담아 냉동시킨다.
5. 냉동한 녹차 얼음을 유리잔에 담는다.
6. 물을 첨가해서 시원하게 마신다.

※ 물 대신 탄산수나 주스를 넣어 마시면 색다른 음료로 즐길 수 있다.

● 제주 말차

계절에 상관없이 즐길 수 있는 차가 말차이다. 요즘 세대들에게 특히 인기를 얻고 있는 말차는 재배 과정 중 차광 재배가 필요하다. 말차 문화는 송나라 때부터 있었고 일본이 그 문화를 가지고 오면서 지금까지 내려오고 있지만 현재의 말차와는 차이가 있다.

탕관의 뜨거운 물을 붓고 차선으로 격불해서 마신다. 격불(擊拂)이란 말차를 마시기 위해 대나무 차선을 빠르게 움직여 거품을 내는 행위를 말한다. 격불한 차는 맛이 더욱 부드러우며 고소한 차향은 다완을 가득 채운다. 따뜻하게 데운 우유 거품을 넣으면 한층 더 맛있는 말차라테가 된다.

●
말차 격불하기(1인분)

재료 말차 1.5g, 뜨거운 물 70ml
  1. 다완과 차선, 말차를 준비하고 뜨거운 물을 다완에 부어 예열한다.
  2. 예열에 사용한 물은 퇴수기에 버리고 다건으로 다완의 물기를 닦는다.
  3. 말차를 넣고 뜨거운 물을 부은 다음 차선으로 격불하여 마신다.

바람 불면 그리운 가을 차

선선한 바람이 불기 시작하면 따뜻한 차가 생각난다. 이때쯤 봄에 만들어 놓은 발효차, 즉 우리나라 홍차가 아주 맛이 좋다. 가향차를 좋아하지 않는다면 깊은 맛과 은은한 향기가 퍼지는 우리나라 발효차를 추천한다. 발효차는 지역별로 다양하게 생산되고 있으며, 다원마다 맛과 향기가 조금씩 다른 점도 참고하면 좋다.

● 하동 홍잭살 발효차

세작, 중작 정도의 찻잎으로 발효차를 만든다. 우리나라 발효차는 홍차 제다법
으로 만들기 때문에 홍차라고도 말할 수 있다. 발효 정도에 따라 맛과 향이 조금
씩 다르기도 하다. 세월이 지난 발효차는 깊은 맛을 더하고 있어서 좋다. 홍잭살
은 '붉은 작설'을 뜻하는 사투리로 하동 발효차의 대명사로 사용되고 있다.

홍잭살 발효차 우리기(2인분)
재료 발효차 3g, 뜨거운 물 130ml
1. 다구와 뜨거운 물을 준비한다.
2. 다관과 찻잔을 예열하고, 예열에 사용한 물은 퇴수기에 버린다.
3. 다관에 준비한 발효차를 넣는다.
4. 90℃ 이상의 물을 다관에 붓고 1분 정도 우린다.
5. 우린 찻물을 숙우나 찻잔에 부어 마신다.

● 대나무를 이용해 만든 죽통차

죽통차는 중작 크기의 찻잎을 대나무에 넣고 누른 다음 대나무통을 불로 그을
려서 만든다. 시간이 지날수록 맛이 더욱 좋아지는 것이 특징이다.

●
죽통차 우리기(2인분)

재료 죽통차 3g, 뜨거운 물 130ml
  1. 다구와 뜨거운 물을 준비한다.
  2. 죽통차에 들어 있는 뭉쳐진 차를 조금 떼어 놓는다.
  3. 다관과 찻잔들을 예열하고, 예열에 사용한 물은 퇴수기에 버린다.
  4. 다관에 소량의 차를 넣고 뜨거운 물을 부은 다음 1분간 우린다.
  5. 숙우나 찻잔에 우린 차를 따라 마신다.
  6. 3회 이상 우려 마셔도 괜찮다.

몸을 녹이는 겨울 차

따뜻한 차 한 잔이 더욱 좋은 계절. 유자 향기 가득한
블렌딩차가 상큼함을 더해 준다. 발효된 차에 대추나
생강을 넣어 마신다면 겨울에 마시는 차로 더욱 좋다.

● 팔팔 끓여 마셔도 좋은 떡차(청태전)

늦은 봄에 찻잎을 찌고 찧어서 만든 떡차를 발효시켜 마시면 추운 겨울에 몸을
녹이는 데 그만이다. 잘못 우릴 염려가 없는 떡차는 차를 처음 접하는 사람들에
게 추천할 만하며 여러 손님들에게 대접하기도 좋다.

●
떡차 우리기(2인분)

재료 떡차 1개, 뜨거운 물 1L

1. 뜨거운 물에 떡차 1개를 넣고 10~20분 정도 끓인다.
2. 숙우에 따른 후 다시 찻잔에 따라 마신다.
3. 재탕 시에는 물의 양을 줄여서 세 번까지 끓여 마실 수 있다.

※ 떡차는 만들고 난 뒤 해가 지날수록 향과 맛이 깊어지기에 4~5년 지난 차는 탕색이
  더 진하다.

● 블렌딩한 유자병차

유자 속을 파내고 발효차와 모과, 돌배, 유자즙을 섞어 속을 채운 다음 찌고 말
린 유자병차는 한겨울에 마시기 좋다. 유자의 껍질과 차향이 잘 어우러져 남녀
노소 누구나 좋아하는 겨울 차이다.

●
유자병차 우리기(2인분)

재료 유자병차 3g, 뜨거운 물 100ml

1. 딱딱한 유자병차를 쪼개어 속과 유자 껍질까지 준비한다.
2. 다관과 찻잔을 예열하고, 예열에 사용한 물은 퇴수기에 버린다.
3. 다관에 차를 넣고 뜨거운 물을 부어서 1분 30초간 우린다.
4. 숙우나 찻잔에 따라 마신다.
5. 네 번까지 우려 마셔도 된다.

PART 6

우리 차와
계절별 티 페어링

우리 차에 곁들이는 티 페어링은 한국의 전통적인 차 문화를 더욱 다채롭고 풍성하게 즐기는 방법이다. 계절에 따라 다른 차를 즐기면서 그 계절에 어울리는 맛과 향을 경험할 수 있다. 계절별 티 페어링을 통해 매 시즌마다 차와 티푸드로 건강과 즐거움을 챙기는 법을 알아보자.

티푸드의
시작

우리 차 문화의 역사와 다식의 변천

최초에 약용으로 시작된 차는 현재에 이르러 하나의 기호 식품으로 자리 잡았다. 차를 마시면서 음식도 같이 먹는 문화가 생겨났는데 이는 나라와 시대에 따라 변화되었다. 고려 시대의 승려인 대각국사 의천의 문집에는 "제례 때는 반드시 다식과 다과를 올렸다"라는 기록이 있고, 조선 중엽에 쓰인 《음식디미방(閨壺是議方)》에는 다식 및 다과 만드는 방법과 함께 이들이 제례용, 접빈용으로 쓰였다는 기록이 있다.

다식은 한과의 일종으로 소나무, 꽃가루, 곡물가루를 다식판에 넣어 모양을 만든 음식이다. 원래는 차를 으깨어 넣었기에 다식(茶食)이라 하였다. 이는 신라와 고려, 조선 시대에 이르기까지 제례 때 다과로 올랐다. 우리나라에서는 차를 마실 때 따로 다식을 먹었다는 기록은 없지만, 오늘날 차 문화가 새롭게 발전되면서 차와 함께 다식의 개념도 변화되고 있다.

영국의 애프터눈 티와 티푸드 문화

차에 음식을 곁들이는 티푸드 문화는 19세기 중반, 영국 베드포드 공의 부인 안나로부터 시작되었다. 홍차와 함께 약간의 배고픔을 달랠 정도의 티푸드를 오후 3~5시 사이에 즐겼던 것이 애프터눈 티의 시작이다.

당시에는 점심을 간단하게 먹었고 저녁 시간이 늦었기 때문에 귀족들은 오후에

홍차와 함께 티푸드를 즐겼다. 2단 또는 3단 트레이 하단에 식사 대용이 될 만한 샌드위치나 묵직한 음식을 채우고, 고소한 스콘과 잼을 그 위 칸에 구성하며, 달콤한 디저트는 맨 위쪽에 두어서 풍성하고 예쁜 티푸드로 멋진 찻자리를 만들었다.

티푸드를 먹을 때는 아래쪽 칸부터 점차 올라가면서 즐기면 된다. 아름다운 티푸드와 따뜻한 차 그리고 사람들과의 만남은 언제나 즐겁다.

동양의 차 문화와 티푸드

동양의 다식 문화는 일본의 차 문화를 통해 엿볼 수 있다. 가이세키 음식과 화과자를 먹는 일본의 차 문화는 몇백 년을 넘어 지금까지 이어져 내려오고 있다. 일본에서는 차 한 잔을 최고의 맛으로 대접하기 위해 식사와 함께 긴 시간 차회를

말차와 일본 다식

중국의 수유차

진행한다. 가이세키(懷石)는 원래 차를 마시기 전에 먹는 허기를 달랠 만한 적은 양의 밥과 국, 반찬으로 된 소박하고 검소한 식사였다. 그러나 지금의 가이세키 요리는 다양한 재료와 조리법으로 화려하게 변했다.

화과자 역시 팥앙금이나 자연의 재료를 사용해서 계절을 알리는 색상이나 모양으로 정교하게 만든다. 일본의 말차를 마시려면 먼저 화과자를 먹고 차를 음미하는 것이 순서이다. 일본의 차 문화는 그야말로 차를 매개체로 도(道)에 이르게 하는 여정처럼 공력을 들인 섬세한 차와 음식으로 이뤄진 점이 특징이다.

중국의 흑차는 티베트 등 북쪽으로 수출되었다. 특히 티베트의 수유차는 차와 우유를 섞어 만든 음료인데 보리로 만든 얇은 떡과 함께 식사로 먹는 문화도 있다.

차와 티푸드 문화는 지역, 날씨와 관련되어 있으며 동서양은 차와 함께 고유의 다양한 음식을 같이 즐겨 왔다.

차를 마시고 나누는 일

코로나19 시대를 겪으면서 차에 대한 관심이 젊은 층을 중심으로 확산되었고, 그에 따라 티푸드도 한층 더 주목받고 있다. 티푸드는 주로 차 시식의 경험을 향상시키고 보완하며, 차의 향과 맛을 더욱 돋보일 목적으로 개발된다. 차를 마시다 보면 신체적인 변화를 느낄 수 있는데, 예를 들어 이뇨 작용이 활발해지거나 소화에 도움이 될 수 있다. 물론 이런 현상은 모두에게 같지 않다. 사람마다 체질이 다르다 보니 카페인에 약한 사람은 잠을 못 잔다거나, 빈속에 차를 마시면 불편해지는 현상이 일어나기도 한다. 간단한 티푸드와 함께 차를 마시면 위를 보호해 주어 차를 즐기는 데 도움이 된다.

다양한 변화를 가져다준 티푸드. 이는 서양에서 커피를 마실 때 달콤한 디저트를 곁들이는 문화로부터 비롯된 면도 있다고 본다. 달콤한 케이크와 과자는 커피의

쓴맛을 잡아 주기에 충분하고, 다시 커피를 마시고 싶게 해 준다. 우리 차 문화에는 없던 티푸드가 차와 함께 새로운 개념으로 확장되면서 차 문화의 다양성에 기여했으면 하는 바람이다. 특히 녹차를 두 번까지 우려 마신 뒤 간단한 다식을 곁들이는 다법도 있는 것처럼, 달콤한 티푸드는 찻자리를 한층 더 빛나게 한다. 식사 자리에서 음식과 어울리는 차를 마셔도 무방하다. 몸과 마음의 건강을 위한 차 생활에 티푸드는 작은 즐거움을 준다.

무심히 물을 올리고 오늘 마실 차와 다구를 꺼낸다. 찻자리를 가볍게 준비한 뒤 매일 차 한 잔과 함께하는 시간은 평온하고 따뜻하다. 가까운 이들과 소통하는 시간으로 또는 고요한 나만의 시간으로도 부족함이 없다. 여기에 간단한 다식, 티푸드를 곁들이면 한결 정겨운 찻자리가 된다.

지역 차와 계절별
티푸드 페어링

시기별로 각기 다른 차 맛을 즐길 수 있으면 가장 좋겠지만, 일반적으로 차를 처음 접하는 이들은 계절별로 다른 차를 마시는 일에서 큰 차이를 못 느낄 수 있다. 그럴 때는 차와 함께 계절별 푸드를 즐기는 것이 차를 일상에서 더욱 친근하게 접하는 가장 좋은 방법의 하나이다. 제철 음식에 곁들이는 차는 음식의 맛을 한껏 살려 주기 때문에 계절을 만끽하는 데 도움이 된다.

한국에는 사계절이 있고 그 시기에 나오는 각종 풍부한 농산물이 가득하다. 따라서 계절에 맞는 티푸드를 고르거나, 이왕이면 건강한 제철 재료로 직접 티푸드를 만들어 먹으면 좋겠다. 계절에 맞는 차와 티푸드를 준비하는 모든 과정이 차의 일이다.

순천 차와 티푸드

고려 시대부터 존재했다는 차밭이 순천에 있다. 순천 주암호 상수원 보호구역 안쪽 깊숙한 곳에 자리 잡고 있는 대나무 숲 아래, 스스로 자라고 있는 야생차밭을 만날 수 있다. 잘 덖은 차 한 모금을 마시면 입안이 시원해지면서 청량한 단맛이 난다.

● 봄에 열탕으로 우리는 동춘차와 삼색다식

봄에는 새롭게 올라오는 새싹이나 꽃이 많으므로 이것을 응용해서 만든 티푸드가 좋다. 쑥으로 만든 담백한 쑥개떡, 3월 삼짇날 화전놀이를 하며 먹는 진달래 화전, 송홧가루나 콩가루로 만든 오색 다식, 봄나물이 한창일 때 만드는 봄나물 주먹밥을 비롯해 말차양갱, 쑥파운드케이크, 딸기 판나코타 등 다양한 티푸드를 봄의 차와 함께 즐길 수 있다.

동춘차는 순천의 청정 지역에서 자라는 찻잎으로 만든다. 응송 스님의 제자인 박동춘 선생이 초의선사로부터 이어져 온 제다법을 시대에 맞게 계승 및 발전한 것이다. 즉, 동춘차는 덖음과 건조까지의 과정이 모두 솥에서 마무리되는 전통 제다법을 불가의 제다 방식 그대로 이어 오는 차이다.

동춘차

녹차를 우릴 때는 물 온도를 반드시 85℃ 이하로 맞춰야 한다는 개념이 점차 사라지고 있다. 잘 만들어진 덖음 녹차는 100℃까지 끓인 열탕의 물을 90~95℃ 내외에서 바로 다관에 붓고 우려도 쓰고 떫은 맛이 나지 않으며 부드럽게 마실 수 있다. 곁들이면 좋은 티푸드는 우리나라 전통 과자인 삼색다식이다. 계절에 상관없이 찻상에 올려도 좋은 티푸드이며, 몸에 약이 되는 재료들로 구성되었다.

동춘차 우리기(2인분)

재료 순천 동춘차(녹차) 1.5g, 뜨거운 물 120ml

1. 다구와 뜨거운 물을 준비한다.
2. 다관과 찻잔을 예열하고, 예열에 사용한 물은 퇴수기에 버린다.
3. 다관에 찻잎을 넣고 15~20초 정도만 우린다.
4. 우린 찻물을 찻잔에 고르게 세 번 나누어 따른다.
5. 두 번까지 우려 마셔도 된다.

티푸드. 삼색다식 만들기(4~5인분)

재료 송홧가루(소나무꽃) 50g, 흑임자 가루(검정깨) 50g, 청태콩 가루(청태콩) 50g, 꿀 적당량

1. 송홧가루, 흑임자 가루, 청태콩 가루를 각각의 그릇에 넣고 꿀을 조금씩 넣어 가며 각기 반죽한다.
2. 각 반죽을 조금씩 떼어서 다식판에 꾹꾹 눌러 단단하게 만들어 준다.
3. 조심스럽게 다식판에서 뺀다.
4. 완성된 송화다식, 흑임자다식, 청태다식을 접시에 담아 올린다.

하동 차와 티푸드

고즈넉한 지리산과 섬진강의 자연이 어우러져 빚어낸 하동 차는 깊은 맛과 향을
지녔다. 마실 때마다 은은한 여운을 남기며 자연을 만나는 기분이 들게 해, 하루
의 피로를 녹여 주는 작은 힐링의 한 잔이 된다.

● 봄을 달래는 하동녹차 우전과 진달래 화전

우전차는 이른 봄에 가장 먼저 채엽한 찻잎으로 만든
다. 그 부드럽고 싱그러운 향은 어떤 차보다도 우아하
며 아미노산이 풍부해서 감칠맛도 좋다. 곁들일 티푸
드로는 차 맛을 해치지 않는 담백한 진달래 화전이
어울린다. 음력 3월 3일 삼진날, 경치 좋은 곳에서 진
달래꽃으로 화전을 지져 먹고 가무를 즐기던 여성 놀
이를 화전놀이라 한다. 화전은 색이 고와서 차와 함
께하면 눈으로 입으로 즐거움이 두 배가 된다. 진달래
가 없다면 다른 식용 꽃으로 대체할 수 있다.

우전차 우리기(2인분)

재료 덖음 우전 녹차 3g, 뜨거운 물 120ml

1. 다구와 뜨거운 물을 준비한다.
2. 찻잎을 덜어 놓고 다관과 찻잔을 예열한 후, 예열에 사용한 물은 퇴수기에 버린다.
3. 다관에 찻잎을 넣고 80℃의 물을 부은 다음 1분간 우린다.
4. 우린 차는 세 번에 나누어 찻잔에 고르게 따른다. 이는 차 맛을 균일하게 하는 의미가
   있다.
5. 두 번째로 우린 차는 바로 숙우에 붓고 찻잔에 따라 마신다. 세 번까지 우려 마시면 적
   당하다.
※ 물의 온도에 따라 차 우리는 시간은 달라질 수 있다.

●
티푸드. 진달래 화전(3~4인분)

재료 진달래꽃 20장, 찹쌀가루 280g, 소금 1꼬집, 따뜻한 물 약간, 식용유 조금

1. 진달래는 가운데의 수술을 떼고 물에 씻는다.
2. 키친타월을 깔아 진달래꽃의 물기를 제거한다.
3. 찹쌀가루에 소금을 조금 넣고 익반죽을 한다.
4. 동그랗고 납작한 모양으로 만든다.
5. 프라이팬에 기름을 살짝만 둘러 앞뒤로 지진다.
6. 꿀을 바르고 진달래 꽃잎을 예쁘게 올려서 달라붙어 있도록 한다.

● 봄 향기 가득한 하동 세작 녹차와 봄 쑥개떡, 봄나물 도시락

해차가 한창 나오는 5월에는 참새의 혀처럼 작고 어린 잎으로 만든 작설을 맛보면 좋다. 싱그러운 맛이 행복감을 한층 높여 준다.

작설차에는 쑥개떡을 곁들여 보자. 봄이면 여기저기서 쑥쑥 자라는 쑥을 가지고 여러 음식을 해 먹곤 한다. 쑥은 따뜻한 성질을 가지고 있으며, 피를 맑게 하고 혈액 순환을 좋게 하여 성인병 예방에 도움이 된다고 알려져 있다. 향긋한 쑥개떡과 차 한 잔은 속을 편안하게 해 준다.

봄에 나오는 나물로 봄나물 도시락을 만들어 차와 함께 먹으면 간편하면서도 건강한 한 끼 식사가 된다.

●
세작 녹차 우리기(2인분)

재료 하동 세작 녹차(작설차) 3g, 뜨거운 물 130ml

1. 다구와 물을 준비한다.
2. 다관과 찻잔을 예열하고, 예열에 사용한 물은 퇴수기에 버린다.
3. 다관에 찻잎을 넣고 85℃ 정도의 물을 부은 뒤 1분 정도 우린다.
4. 다관에서 우려난 찻물을 세 번에 나누어 찻잔에 골고루 따른다.
5. 두 번째 탕에는 숙우를 사용하여 우린 찻물을 상대방도 직접 따라 마실 수 있게 한다.
6. 세 번까지 우려 마셔도 된다.

티푸드. 쑥개떡(3~4인분)

재료 데친 쑥 300g, 멥쌀가루 300g, 찹쌀가루 100g, 소금 약간, 물 150ml,
반죽용 뜨거운 물 60~100ml

1. 쑥은 삶아서 헹구어 물기를 빼고, 믹서기에 물 1컵(150ml)과 넣은 뒤 갈아 놓는다.
2. 습식 멥쌀가루 80%, 찹쌀가루 20%와 소금, 갈아 놓은 쑥을 같이 반죽한다.
3. 반죽을 조금씩 떼어서 둥글고 납작한 모양으로 만든다. 그 위에 떡살을 찍으면 더 아름답다.
4. 찜솥에서 15~20분간 찌면 완성이다. 식었을 때 식감이 쫀득하다.

※ 양이 많다면 만들어서 냉동고에 보관해 놓고 먹을 때마다 찌면 좋다.

티푸드. 봄나물 도시락(3~4인분)

재료 취나물 200g, 밥 2공기, 참기름 2스푼, 소금 1티스푼, 깨 약간

1. 나물은 데친다.
2. 데친 나물의 물기를 꼭 짠 뒤 곱게 다진다.
3. 따뜻한 밥에 데친 나물, 참기름, 깨, 소금을 넣고 골고루 잘 섞는다.
4. 밥을 서로 잘 뭉쳐서 세모 모양, 동그라미 모양으로 만든다.

● 늦봄에 즐기는 하동 대작 아이스티

대작은 5월 중순 이후에 채엽한 찻잎으로 만든 차를 말한다. 우전이나 세작보다 카테킨 성분이 많아서 항산화 작용으로 인해 신진대사가 활발해지는 효과가 있다. 차 맛이 좋고 가격도 저렴해서 부담스럽지 않게 즐기는 대작은 날이 더워지면 시원한 음료로 만들어서 마시기도 한다.

●
대작 녹차 아이스티 냉침하기(2인분)
재료 하동 대작 녹차 7g, 실온의 물 500ml
1. 찻잎을 티포트에 넣는다.
2. 실온의 물 500ml를 붓는다.
3. 뚜껑을 덮고 냉장고에 넣어 4~6시간 정도 우린다.
4. 찻잎을 걸러 투명한 유리잔에 담아 마시면 좋다.

● 맑고 깔끔한 하동 백차와 딸기 판나코타, 무화과 디저트

최근에는 다원마다 다양한 차를 개발하려는 노력을 하고 있다. 그중 한 가지가 백차이다. 솜털이 있는 어린싹을 채엽해서 건조 과정만 거치면 완성되는 백차는 시간을 두고 보관하면서 마셔도 좋다. 탕색은 맑고 맛은 깔끔하다. 그래서 맛이 너무 강한 티푸드보다는 단맛을 줄여서 만든 부드러운 판나코타나 무화과 티푸드가 잘 어울린다. 초가을부터 나오는 생무화과 티푸드는 만들기 쉬워서 아이들과 함께 요리해도 좋다.

백차 우리기(2인분)

재료 하동 백차 3g, 뜨거운 물 120ml

1. 다구와 뜨거운 물을 준비한다.
2. 다관과 찻잔을 예열하고, 예열에 사용한 물은 퇴수기에 버린다.
3. 다관에 찻잎을 넣고 90℃의 물을 부은 뒤 30초~1분간 우린다.
4. 우린 차를 숙우에 붓고 찻잔에 따라 마신다.

티푸드. 딸기 판나코타(3~4인분)

재료 딸기 15개, 우유 150ml, 생크림 150ml, 판젤라틴 2장, 설탕 30g,
바닐라 엑스트랙트 2티스푼

1. 딸기는 씻어서 으깬 뒤 설탕과 함께 살짝 조린다. (잼으로 대체 가능)
2. 젤라틴은 찬물에 불려 놓는다.
3. 냄비에 우유, 생크림, 설탕을 넣고 뜨겁게 데운다.
4. 3에 바닐라 엑스트랙트를 넣는다.
5. 젤라틴을 건져서 물기를 꼭 짜고 데운 우유에 넣은 뒤 잘 저어 준다.
6. 준비한 용기에 나눠 담고 냉장고에서 완전히 굳힌다.

티푸드. 무화과 디저트(2인분)

재료 무화과 2개, 크림치즈 20g, 산딸기 퓌레 약간, 메이플 시럽 약간

1. 무화과를 깨끗이 씻어 열십자로 칼집을 낸다.
2. 무화과 가운데에 크림치즈를 넣는다.
3. 접시에 올리고 무화과 위에 산딸기 퓌레와 메이플 시럽을 취향껏 뿌린다.

● 가을의 정취를 담은 하동 청차와 쿠리킨톤, 단호박 브루스케타

우리 차 가운데 청차는 맛보기가 쉽지 않다. 그 이유는 소엽종인 우리 찻잎으로 청차를 만들었다 하더라도 중국이나 대만의 청차와 같은 향과 맛을 기대하기는 어렵기 때문이다. 그럼에도 다원들에서는 우리만의 청차를 선보이려는 시도를 하고 있다. 중국 푸젠성 무이암차처럼 탄 향과 홍배 향이 나는 장점을 살려 만든 발효도 높은 청차는 가을부터 한겨울까지 두루 어울린다.

청차에는 이 계절과 어울리는 밤으로 만든 쿠리킨톤을 곁들이면 좋다. 쿠리킨톤은 우리의 다식인 율란과 비슷한 일본식 밤과자이다. 밤은 단백질, 탄수화물, 비타민까지 풍부해 성장기에 도움이 되고 피부를 윤택하게 하는 효능을 가지고 있다. 단호박은 항산화 성분과 식이 섬유가 풍부하며 칼로리가 낮고 위를 보호하는 기능을 가지고 있다. 단호박 브루스케타는 단호박과 냉장고에 있는 재료들로 쉽게 만들어 즐길 수 있는 티푸드다.

청차 우리기(2인분)

재료 하동 청차 3g, 뜨거운 물 150ml
1. 다구와 물을 준비한다.
2. 다구에 뜨거운 물을 부어 예열한다.
3. 다관에 찻잎을 넣는다.
4. 100℃의 물을 붓고 1분간 우린다.
5. 우린 차를 숙우에 붓는다.
6. 숙우의 차를 다시 찻잔에 따라 마신다.
※ 차는 네 번까지 우려 마실 수 있다.

티푸드. 쿠리킨톤(3~4인분)

재료 밤 20톨, 꿀 또는 조청 3스푼, 소금 1꼬집

1. 밤을 삶아 으깬다.
2. 꿀을 넣고 반죽한다.
3. 반죽을 조금씩 떼어서 천이나 랩으로 뭉쳐 모양을 잡는다.
4. 토치로 살짝 태운다.

※ 금박으로 장식하면 더 고급스럽다.

티푸드. 단호박 브루스케타(3~4인분)

재료 단호박 1개, 양파 1/4개, 빨강 파프리카 50g, 견과류 40g, 파슬리 약간, 후추 약간,
소금 1꼬집, 마요네즈 50g, 빵 4~5쪽

1. 단호박을 반으로 자르고 씨를 제거한다.
2. 찜솥에 단호박을 넣고 잘 익을 때까지 찐다.
3. 단호박의 껍질은 제거하고 으깨어 놓는다.
4. 양파는 다져서 소금으로 절인다.
5. 빨강 파프리카, 견과류도 다진다.
6. 5와 양파, 파슬리, 후추, 소금, 마요네즈를 넣고 으깬 단호박과 잘 버무린다.
7. 빵은 살짝 구워 준비한다.
8. 완성한 단호박 샐러드를 빵 위에 올린다.

※ 취향에 따라 샐러드 위에 올리브오일을 둘러서 먹어도 좋다.

● 초겨울 약차, 하동 유자병차와 진저 쿠키

유자병차는 블렌딩한 차의 일종이다. 초겨울에 유자를 이용해 만들어 두고 1~2
년에 걸쳐 오랫동안 보관하면서 마시는 몸에 좋은 약차이다. 유자 속을 파고 하
동에서 많이 생산되는 돌배와 모과, 발효차를 넣은 뒤 찌고 말리기를 여섯 번. 이
후 건조하는 방식으로 만드는 손이 많이 가는 유자병차는 환절기 감기 예방에 좋
다. 차를 우리면 유자 향기가 먼저 올라오고, 맛도 풍부하다.

유자병차에는 생강이 들어간 진저 쿠키를 추천한다. 생강은 위액 분비와 혈액 순
환 촉진 등 몸을 데우는 역할을 한다. 향이 강해서 녹차보다는 발효차와 잘 어울
린다. 생강과 시나몬을 넣어 만든 쿠키는 동서양을 구분하지 않는 티푸드이다.

●
유자병차 우리기(2인분)

재료 하동 유자병차 3g, 뜨거운 물 120ml

1. 유자병차를 먹을 만큼 쪼개 놓는다. 이때 유자 껍질도 같이 사용한다.
2. 다구들을 예열한다.
3. 다관에 유자병차를 넣는다.
4. 90~95℃의 물을 부은 뒤 2분간 우린다.
5. 우린 찻물을 숙우에 붓고 찻잔에 따라 마신다.

●
티푸드. 진저 쿠키(3~4인분)

재료 말린 생강가루 4g, 시나몬 가루 2g, 베이킹파우더 5g, 박력분 300g, 달걀 2개,
버터 170g, 황설탕 100g, 소금 1꼬집

1. 실온에 둔 버터를 황설탕과 함께 섞는다.
2. 달걀을 1개씩 넣고 분리가 일어나지 않게 잘 섞는다.
3. 박력분, 생강가루, 시나몬 가루, 베이킹파우더, 소금을 넣고 반죽한다.
4. 반죽이 되었으면 동그랗게 모양을 만든다.
5. 동그란 반죽 겉면에 설탕을 묻힌 뒤 살짝 눌러 납작하게 만든다.
6. 예열된 오븐에서 180℃로 20분간 굽는다.

● 바람 불면 생각나는 하동 홍잭살과 율란, 홍옥정과

붉은 탕색을 가진 발효차, 홍잭살에서 '잭살'은 작설차의 방언으로 붉을 홍(紅)을
붙여서 홍잭살이라 부른다. 발효 과정을 거쳐 부드럽고 달달하다.

율란은 통통한 가을밤으로 만드는 우리의 전통 다식이다. 부드럽고 달콤하면서
먹을 때 소리가 나지 않는다.

홍옥정과는 9월 초부터 짧은 기간에 나오는 빨갛고 새콤달콤한 홍옥으로 만든
다. 특히 사과의 신맛이 강할 때 만들면 더 맛있다. 색이 예쁘고 맛까지 좋은 인기
만점의 티푸드이다. 만드는 과정이 복잡하지는 않지만 시간이 필요하다.

홍잭살 우리기(2인분)
재료 하동 홍잭살(발효차) 3g, 뜨거운 물 130ml

1. 다구와 뜨거운 물을 준비한다.
2. 다관과 찻잔을 예열하고, 예열에 사용한 물은 퇴수기에 버린다.
3. 발효차를 다관에 넣는다.
4. 다관에 95℃ 이상의 물을 붓고 1~2분 정도 우린다.
5. 우린 찻물을 숙우나 찻잔에 부어서 마신다.

티푸드. 율란(3인분)

재료 밤 20톨, 꿀 3스푼, 계핏가루 2티스푼

1. 밤을 삶아 뜨거울 때 속만 파내거나, 밤껍질을 벗기고 삶는다.
2. 밤을 체에 곱게 내린다.
3. 체에 내린 밤을 꿀과 같이 반죽한다.
4. 반죽을 조금 떼어서 밤 모양으로 다시 빚는다.
5. 한쪽 부분에 계핏가루나 잣가루를 묻혀 완성한다.

티푸드. 홍옥정과(10인분)

재료 홍옥 10개, 설탕 약간

1. 홍옥을 깨끗하게 씻고 씨를 제거한다.
2. 원형 또는 반달 모양의 적당한 두께로 썰어 놓는다.
3. 갈변을 막기 위해 소금물에 살짝 담갔다 뺀다.
4. 찜기에 천을 깔고 썰어 놓은 홍옥을 올려 5분간 찐다.
5. 설탕을 묻혀서 건조기에 넣고 쫀득한 식감이 날 때까지 말린다.

※ 완성된 홍옥정과는 냉동으로 보관하면 오랫동안 즐길 수 있다.

※ 홍옥정과 위에 사과 모양으로 만든 찰떡을 올려 장식하면 더욱 멋스럽다.

● 하동 황차와 메밀김밥

독특한 향을 내는 황차는 민황이라는 제다 과정을 거쳐 만든다. 적당한 온도와
습도에서 시간이 경과하면 독특한 향이 난다. 시간이 지나면 맛과 향이 달라지는
재미도 있다.

식사할 때 차를 곁들여도 색다른 맛을 경험할 수 있다. 메밀면과 집에 있는 재료
들로 메밀김밥을 만들어 차와 함께하면 좋다.

●
황차 우리기(2인분)

재료 하동 황차 3g, 뜨거운 물 130ml

1. 다구와 물을 준비한다.
2. 다관과 찻잔을 예열하고, 예열에 사용한 물은 퇴수기에 버린다.
3. 다관에 찻잎을 넣는다.
4. 95℃ 이상의 물을 다관에 붓고 1~2분 정도 우린다.
5. 우린 찻물을 숙우나 찻잔에 부어서 마신다.

티푸드. 메밀김밥(2인분)

재료 김 4장, 메밀면 2인분, 쯔유 2스푼, 달걀말이·오이·당근(취향껏) 등 냉장고에 있는 재료

1. 메밀면을 삶아 찬물에 헹군다.
2. 쯔유에 메밀면을 버무리고 넓게 펼쳐서 냉장고 안에 잠시 둔다.
3. 오이는 채 썰어 놓는다.
4. 달걀은 달걀말이로 만들어 두툼하게 썰어 놓는다.
5. 당근은 채 썰어 볶아 놓는다.
6. 그 외 좋아하는 재료들을 준비한다.
7. 김 위에 메밀면을 넓게 펼치고 준비된 재료들을 넣은 뒤 김발을 이용해 말아 준다.
8. 가지런히 썰어 접시에 놓는다.

※ 각각의 맛과 색을 내고 싶으면 한 가지 재료만 넣어 김밥을 말아도 좋다.

보성 차와 티푸드

보성은 국내 최대의 차 재배지로, 이곳에서 재배된 차는 고유의 향과 맛으로 국내외에서 높은 평가를 받고 있다. 보성의 차는 마치 자연이 선물한 '녹색 보석'과도 같다. 전라남도 보성군의 맑은 공기와 깨끗한 물 그리고 따스한 햇살 속에서 자라난 차를 마시는 순간, 마치 보성의 아름다운 차밭을 산책하는 듯한 기분이 들지도 모른다.

● 보성 증제 우전차와 자두 과편, 수수찹쌀부꾸미

찻잎을 채엽해서 증기로 쪄 내는 방식으로 만든 차를 증제차라고 한다. 건잎 색상은 진한 녹빛이 나며 바다 내음, 파래 향이 나는 것이 특징이다. 특히 증제차는 물 온도에 따라 차 맛의 변화가 크기 때문에 조심스럽게 다뤄야 한다. 증제 우전차는 여린 잎으로 만드는데 우렸을 때 감칠맛이 극대화된다. 한 모금의 차 맛이 신비로울 때가 있다.

과편은 우리의 전통 다식으로 과일과 녹말가루를 넣어 만든 티푸드다. 서양의 젤리와 비슷하게 굳혀 만들어 식감은 매끄럽고 맛은 새콤달콤하다. 제철인 과일로 만들 수 있으며 예전에는 앵두나 살구 모과도 사용했다.

수수찹쌀부꾸미는 잡곡을 이용한 떡의 한 종류로, 수수 가루와 찹쌀가루를 섞어 반죽하여 소를 넣고 반달 모양으로 접어 지져 먹는 음식이다. 수수는 혈당 지수가 낮아 당뇨 환자에게 좋고 식이 섬유도 풍부하다. 또한 따뜻한 성질을 가지고 있어 위장에 도움이 된다. 수수찹쌀부꾸미는 쌀쌀한 날씨에 차와 잘 어울리는 건강한 티푸드이다.

증제 우전차 우리기(2인분)

재료 보성 증제 우전차 4g, 뜨거운 물 150ml

1. 다구와 뜨거운 물을 준비한다.
2. 다관과 찻잔을 예열하고, 예열에 사용한 물은 퇴수기에 버린다.
3. 다관에 찻잎을 넣은 다음 70℃의 물을 붓고 1~2분간 우린다.
4. 세 번에 걸쳐 찻잔에 고르게 나누어 따라 마신다.

티푸드. 자두 과편(2~3인분)

재료 자두 600g, 물 450ml, 소금 약간, 설탕 150g, 꿀 2스푼, 녹두 녹말 5스푼

1. 자두를 씻고 씨는 빼낸다.
2. 냄비에 자두와 물, 소금을 넣고 끓인다.
3. 끓인 자두를 체에 걸러서 설탕을 넣고 조린다.
4. 농도가 되직해지면 녹두 녹말을 물에 풀고 더 끓여서 틀에 굳힌다.
5. 네모 모양으로 보기 좋게 썰어 완성한다.

● 티푸드. 수수찹쌀부꾸미(2~3인분)

재료 찰수수 가루 120g, 찹쌀가루 120g, 팥소 200g, 뜨거운 물 120ml, 식용유 적당량,
소금 1티스푼

1. 수수 가루와 찹쌀가루를 1:1로 섞고 소금을 넣어 섞는다.
2. 뜨거운 물을 조금씩 부어서 익반죽을 한다.
3. 반죽을 조금씩 떼어 내어 동그랗게 만든 뒤 납작하게 만든다.
4. 프라이팬에 기름을 두르고 납작하게 빚어 놓은 반죽을 지진다.
5. 팥소를 올리고 반죽을 반으로 접는다.
6. 대추나 호박씨로 장식한다.

※ 야회나 손님 초대 자리에 수수찹쌀부꾸미를 나뭇잎에 싸서 놓으면 장식도 되고,
먹을 때 손에 묻지 않아 효율적이다.

● 여름에 즐기는 보성 증제 세작과 단팥죽, 레몬양갱

증제 녹차란 증제 방식으로 제조한 녹차를 말한다. 증제(蒸製)는 찻잎을 증기로 쪄서 산화를 막는 차 제조 방식이다. 이 방식으로 만든 찻잎은 초록빛이 선명하며, 부드럽고 깔끔한 맛이 나는 것이 특징이다. 증제 세작의 초록빛 찻잎이 여름을 한층 더 시원하게 해 준다.

녹차와 잘 어울리는 재료가 있다면 팥이 단연 최고일 것. 단팥죽은 겨울뿐 아니라 여름에도 시원하게 먹을 수 있는 간식이다. 팥의 사포닌 성분은 혈관 내 콜레스테롤 수치를 감소시키고 부종을 빼는 데 도움을 준다. 달큰하고 시원한 여름 단팥죽을 녹차와 함께 즐겨 보자.

레몬에 함유된 구연산은 다이어트에 도움이 되고, 비타민 C는 피부 미용에도 좋다. 신맛이 강해 차를 마시고 난 뒤 레몬양갱을 한 입 먹으면 기분이 상큼해진다. 레몬 껍질을 그대로 이용하면 눈도 즐거운 디저트가 된다.

증제 세작 우리기(2인분)

재료 보성 증제 세작 3g, 뜨거운 물 150ml

1. 다구와 뜨거운 물을 준비한다.
2. 다관과 찻잔을 예열하고, 예열에 사용한 물은 퇴수기에 버린다.
3. 다관에 찻잎을 넣고 80℃의 물을 붓는다.
4. 1~2분간 우린다.
5. 세 번에 걸쳐 찻잔에 고르게 나누어 따라 마신다.

티푸드. 여름 단팥죽(3인분)

재료 건조 팥 100g, 설탕 100g, 물 600ml, 말차 0.5g, 우뭇가사리 50g, 소금 2g

1. 팥을 4시간 정도 물에 불리고, 같은 물에서 10분 정도 삶은 뒤 첫물은 버린다.
2. 다시 물을 붓고 팥이 익을 때까지 삶는다.
3. 소금, 설탕을 넣고 좀 더 끓인다.
4. 한소끔 식혀서 냉장고에 넣어 둔다.
5. 차가워진 단팥죽을 그릇에 담고 우뭇가사리를 썰어 옆에 올린다.
6. 말차를 거름망에 담아 솔솔 뿌려 준다.

티푸드. 레몬양갱(3인분)

재료 레몬 2개, 젤라틴 2장, 꿀 또는 설탕 4스푼

1. 레몬을 베이킹소다로 깨끗하게 씻는다.
2. 레몬을 반으로 자르고 속은 파낸다.
3. 레몬즙을 잘 걸러서 레몬즙과 물을 1:1로 불 위에 놓고 설탕을 넣은 뒤 녹인다.
4. 물에 불려 놓은 젤라틴을 넣고 저어 준다.
5. 레몬 껍질에 다시 속을 채워 냉장고에서 4시간을 둔다.

● 보성 발효차와 보늬밤, 조란

지금으로부터 15년 전쯤 발효차를 '황차'라고 부르면서 제품화되어 나왔다. 탕색을 우리면 연한 홍차색이 나오는데 그 당시엔 황차라고 했고, 홍차의 제다법과 같아 현재는 발효차라고도 부르며, 하동에서는 홍잭살이라고 지칭한다. 찻잎을 따고 시들려서 비비기 작업을 하면 폴리페놀 성분이 산화되어 붉게 변한다. 보성의 발효차는 계절에 상관없이 즐기기 좋은 우리 차이다.

밤을 이용해 만든 보늬밤은 폴리페놀 성분이 많은 속껍질까지 통째로 먹는 특별한 간식이다. 오랫동안 두고 먹을 수 있다는 장점이 있다.

대추 모양이 그대로 살아 있는 조란은 입안에서 녹아 버리는 사랑스러운 티푸드이다. 차와 함께할 때 더 귀해 보인다.

●
발효차 우리기(2인분)

재료 보성 발효차 4g, 뜨거운 물 150ml

1. 다구와 뜨거운 물을 준비한다.
2. 다관과 찻잔을 예열하고, 예열에 사용한 물은 퇴수기에 버린다.
3. 다관에 찻잎을 넣고 90~95℃의 물을 붓는다.
4. 1분간 우린다.
5. 우린 찻물을 숙우에 붓고 찻잔에 따라 마신다.

티푸드. 보늬밤(5~6인분)

재료 밤 1kg, 베이킹소다 2스푼, 설탕(깐 밤의 50% 양), 간장 1티스푼, 레드 와인 2스푼,
        물(밤이 잠길 만큼)

1. 뜨거운 물을 부어 밤을 불린 후 칼로 겉껍질을 제거한다. 속껍질을 벗겨지지 않게
   조심한다.
2. 깐 밤에 물을 붓고 베이킹소다를 넣어 12시간 둔다.
3. 두 번 이상 끓이고 물은 버린다. 밤이 부서지지 않게 주의한다.
4. 밤, 설탕, 물을 냄비에 넣고 끓인다.
5. 물이 반 정도로 줄어들면 간장을 넣고 좀 더 조린다.
6. 마지막으로 레드 와인을 넣고 식힌 다음 소독한 유리병에 담아 보관한다.

●
티푸드. 조란(4~5인분)

재료 대추 20개, 물엿 1스푼, 물 20~30ml, 계핏가루 약간, 잣 약간, 잣가루 약간

1. 대추는 씨를 제거한 뒤 커터기에 넣고 간다.
2. 칼로 아주 곱게 다지다가 끈기가 생길 때 멈춘다.
3. 물과 곱게 다진 대추, 계핏가루, 물엿을 넣고 조린다.
4. 조금씩 떼어서 대추 모양으로 만들고 위에는 잣을 박는다.
5. 먹기 직전에 미리 준비한 잣가루에서 굴려 완성한다.

장흥, 강진의 차와 티푸드

장흥과 강진에는 특별한 차가 있다. 앞에서도 소개한 떡차이다. 예전에 보림사에서 떡차를 만들었다는 기록이 있으며 떡처럼 찧어서 만들기 때문에 떡차로 불렀다 한다. 또는 차의 표면이 푸른 이끼처럼 보여서 청태전, 돈(엽전) 모양을 닮았다고 하여 돈차, 덩이를 뭉쳐 만들어서 덩이차라고도 불린다. 다른 차와 다르게 여러 이름을 가지고 있다.

옛날에는 떡차를 차로 즐기기보다 배가 아프거나 감기에 걸렸을 때 주전자에 넣고 끓여서 비상약으로 사용했다. 완성된 떡차를 꼬챙이에 꿰어서 매달아 두면 발효가 일어난다. 만든 차를 보관하면 해마다 숙성도에 따라 향기가 다른데, 5년쯤 지난 차에서는 단 향이 많이 올라오기도 한다. 최근 들어 직접 떡차를 만들어 보는 체험도 활성화되는 추세이다. 보관할 때는 항아리에 한지를 얇게 깐 후 떡차를 넣고 그 위에 한지를 덮어 보관하면 되고, 냄새가 없고 건조한 곳에 매달아 놓아도 된다.

● 푸른 이끼를 닮은 장흥 떡차와 잣구리떡, 고구마케이크

장흥의 떡차는 시간이 지날수록 더욱 특별해지는 매력을 지닌다. 발효가 진행되며 차에서 나는 달콤한 향기와 깊은 맛이 점점 더 풍부해지기 때문에, 오래된 떡차일수록 그 가치는 더욱 높아진다. 또한 떡차는 보관이 용이해 오랜 기간 즐길 수 있다는 장점 덕분에 차를 사랑하는 사람들에게 특히 매력적으로 다가온다.

잣과 밤의 조화가 좋은 잣구리떡은 담백하고 고소하다. 누에고치 모양으로 만드는데 송편을 빚는 것과 비슷해 집에서도 어렵지 않게 만들어 볼 수 있다.

고구마는 섬유질과 단맛이 풍부하여 많은 사람들이 좋아하는 건강 음식으로 손꼽힌다. 케이크로 손쉽게 만들 수 있는 장점이 있다.

장흥 떡차 우리기(3~4인분 이상)

재료 장흥 떡차 1개, 물 600ml

1. 집게로 차를 집는다.
2. 은근한 불 위에서 살짝만 굽는다.
3. 구운 차를 탕관에 넣고 15~20분 정도 끓인다.
4. 숙우나 찻잔에 따라 마신다.

● 티푸드. 잣구리떡(3~4인분)

재료 찹쌀가루 300g, 잣 100g, 밤소 100g, 계핏가루 약간, 꿀 1스푼, 소금 1티스푼,
전분가루 50g, 끓는 물과 차가운 물 적당량

1. 밤은 삶아 속을 파낸 뒤 절구에 찧어서 계핏가루와 꿀을 넣고 소를 만들어 놓는다.
2. 찹쌀가루에 소금을 넣고 따뜻한 물을 부어 익반죽을 한다.
3. 반죽한 덩이를 조금씩 떼어 밤소를 넣고 누에고치 모양으로 빚는다.
4. 빚은 잣구리를 전분가루에 묻혀 놓는다.
5. 끓는 물에 살짝 데쳐 내어 차가운 물에 담갔다 뺀다.
6. 잣가루를 묻혀 낸다.

티푸드. 고구마케이크(3인분)

재료 고구마 3개, 우유 50ml, 달걀 2개, 바닐라 엑스트랙트 1티스푼, 박력분 20g, 설탕 30g,
베이킹파우더 2g, 소금 약간

1. 고구마를 씻어서 삶은 뒤 껍질을 벗기고 2개는 으깬다. 나머지 1개는 깍둑썰기를 해 놓
   는다.
2. 고구마, 설탕, 우유, 달걀노른자, 바닐라 엑스트랙트, 소금을 넣고 섞어 준다.
3. 박력분과 베이킹파우더를 체에 쳐서 2에 섞는다.
4. 달걀흰자를 거품기로 섞어 머랭을 만들고 반죽한 것에 조심스럽게 섞는다.
5. 틀에 붓는다.
6. 찜통에 김을 올린 다음 30분간 찐다. 밥솥이나 전자레인지를 이용하거나 오븐에서 구워
   도 무방하다.

● 강진 떡차와 곶감단지, 고구마 빼떼기죽, 대추고 약식

강진에서는 일제 강점기에 우리나라 최초로 상업화된 차 브랜드인 백운옥판차가 생겨났다. 이곳에선 떡차도 만들고 있는데 장흥 떡차와 같은 방식으로 끓여 마시면 좋다. 감기에 걸렸을 때 생강이나 대추, 귤피를 넣고 함께 끓여 마시면 효과적이다.

곶감 표면의 흰색 가루는 호흡기와 폐 건강에 좋다고 한다. 그러나 과다 섭취하면 변비가 생길 수 있는데 호두와 같이 먹으면 해소된다. 주홍빛이 나는 곶감과 견과류를 넣어 만든 곶감단지는 보관성은 물론 맛도 좋아 남녀노소 모두가 즐길 수 있는 티푸드이다. 곶감단지를 6등분으로 썰어 접시에 담아 내면 먹기도 좋다.

고구마 빼떼기(고구마 말랭이)죽은 통영의 토속 음식이다. 먹을 게 부족하던 시절, 말린 고구마에 곡물을 넣고 죽으로 끓여 먹었던 음식이다. 차와 함께 먹으면 간단한 식사가 되고 디저트도 될 수 있다.

대추고 약식은 일반 약식과 다르게 설탕을 줄이고 대추고를 내어 만든 약식이다. 가을에 흔한 대추를 이용해서 몸을 보호해 줄 맛있는 티푸드를 만들 수 있다.

●
강진 떡차 우리기(2~3인분)
재료 강진 떡차 1개, 뜨거운 물 250ml
1. 집게로 차를 집는다.
2. 은근한 불 위에서 살짝만 굽는다.
3. 다구를 준비하고 찻잔은 예열한다.
4. 구운 떡차를 다관에 넣는다.
5. 100℃의 물을 붓는다.
6. 2분간 우린다.
7. 숙우나 찻잔에 따라 마신다.
8. 여러 번 우려 마셔도 좋다.

티푸드. 곶감단지(3~4인분)

재료 곶감 5개, 호두정과(혹은 볶은 호두) 120g, 유자청 3스푼, 호박씨 20g, 대추 20g, 잣 20g

1. 반건조 곶감의 꼭지를 떼고 씨를 제거한다.
2. 호두정과를 잘게 썰고 대추도 채 썰어 놓는다.
3. 유자청과 여러 재료를 모두 2에 넣어 버무린다.
4. 꼭지 입구 부분으로 소를 잘 넣어 둥근 형태가 될 때까지 채운다.
5. 완성된 곶감단지는 냉동 보관하고, 먹기 직전에 반달 모양으로 썬다.

티푸드. 고구마 빼떼기죽(7~8인분)

재료 말린 고구마 500g, 팥·수수·조·콩 등(집에 있는 곡물) 각 2/3컵씩, 물 3L,
　　　설탕·소금 취향껏

1. 고구마를 살짝만 삶고 작게 썰어 건조기에서 말린다.
2. 곡물 중 팥과 콩은 미리 삶아 놓는다.
3. 말린 고구마를 먼저 물에 넣어 끓인다.
4. 2의 팥과 콩을 넣고 나머지 곡물도 전부 넣는다. 익을 때까지 눌어붙지 않게 저어
   가면서 끓인다.
5. 소금과 설탕은 기호에 맞게 조절해 넣는다.

티푸드. 대추고 약식(5~6인분)

재료 대추고 150ml, 찹쌀 450g, 밤 10개, 대추 6~7개, 잣 약간, 흑설탕 3스푼, 참기름 1스푼,
　　　간장 5스푼, 물 150ml

1. 대추는 푹 삶아 씨를 빼고 조린다.
2. 찹쌀은 불려서 채반에 밭쳐 물기를 빼놓는다.
3. 밤은 껍질을 벗기고 반으로 잘라 놓는다.
4. 대추는 씨를 빼고 곱게 채 썰어 놓는다.
5. 모든 재료를 섞어서 압력밥솥에 넣고 잡곡 코스로 40분 정도 조리한다.
6. 조리가 끝나면 따뜻할 때 주걱으로 골고루 잘 섞어 준다.

※ 완성된 약식은 소분하여 포장해 두면 좋다. 50g씩 나눠 비닐 랩으로 동그랗게 싸서
　 포장해도 되고, 일회용 플라스틱 투명 케이스를 이용해 소분해도 된다.

제주 차와 티푸드

토양에 유기 함량이 높고 아열대성 기후를 가진 탓에 다른 지역에 비해 차나무의 생육이 빠른 제주에서는 명전차를 만들 수 있다. 명전차는 24절기 중 청명(약 4월 5일) 무렵에 딴 찻잎으로 만든 차를 말한다. 제주의 가장 큰 다원인 오설록에서는 차를 이용한 상품들도 개발 및 판매하고 있다.

● 봄 내음 가득한 덖음차로 만든 세작 녹차와 완두콩

제주 녹차 중 세작은 찻잎을 수확된 뒤, 찻잎을 솥에서 덖어 산화를 막는 덖음 방식이나 찻잎을 증기로 찌는 증제 과정을 통해 만들어진다. 이를 통해 차의 향과 맛이 극대화되며, 순수하고 깨끗한 풍미를 느낄 수 있다.

연둣빛 완두콩은 5월이면 만날 수 있다. 밥에도 넣어 먹고 양갱으로도 만들어, 계절에 맞는 차와 함께 즐기면 좋다.

.
세작 녹차 우리기(2인분)
재료 제주 세작 녹차 3g, 뜨거운 물 130ml
  1. 다구와 물을 준비한다.
  2. 다관과 찻잔을 예열하고, 예열에 사용한 물은 퇴수기에 버린다.
  3. 다관에 찻잎을 넣는다.
  4. 80~85℃의 물을 붓고 1분간 우린다.
  5. 세 번에 걸쳐 찻잔에 고르게 나누어 따라 마신다.

티푸드. 완두콩 양갱(4~5인분)

재료 완두콩 300g, 흰 앙금 100g, 한천 7g, 설탕 150g, 물 300ml, 물엿 20g, 소금 약간

1. 완두콩을 씻고 소금을 넣어 삶는다.

2. 삶은 완두콩을 으깨고 체에 걸러 보슬보슬하게 준비한다.

3. 설탕 120g과 완두콩 삶은 콩물을 조금씩 붓고 저으면서 수분을 날려 완두콩 앙금으로 만든다.

4. 냄비에 한천, 물을 넣고 약불에서 투명해질 때까지 끓인다.

5. 설탕 30g을 넣고 끓이면서 물기가 조금 줄어들면 3의 완두콩 앙금과 흰 앙금을 다 같이 넣는다.

6. 바닥에 눌어붙지 않게 계속 저어 가면서 수분을 날린다.

7. 틀에 부어 굳힌다.

※ 설탕의 양이 적으므로 되도록 빠르게 소비하고 남은 건 냉동 보관하기를 추천한다.

● 블렌딩 발효차와 복숭아조림(피치 멜바)

제주의 특산물인 귤이나 다른 과일, 꽃 등을 섞어 블렌딩한 차들도 티백으로 만들어져 대중이 쉽게 접할 수 있도록 개발되고 있다.

여름 과일인 복숭아는 향기와 단맛이 최고이다. 가장 많이 나오는 계절에 미리 조림으로 만들어 냉장고에 저장해 놓으면 오래 두고 먹을 수 있다. 향기로운 차와 함께 즐기는 복숭아 조림은 최고의 티푸드가 된다.

블렌딩 티백 우리기(머그잔 이용)

재료 블렌딩 티백 1개, 뜨거운 물 250ml

1. 머그잔을 예열하고 예열에 사용한 물은 퇴수기에 버린다.
2. 먼저 90℃의 물을 붓고, 티백을 머그잔 벽을 타고 천천히 넣는다
3. 1분에서 1분 30초간 우리고, 티백은 좌우로 가볍게 흔든 다음 뺀다.
4. 티백은 한 번 더 우려 마실 수도 있다.

186

티푸드. 복숭아조림(피치 멜바)(3인분)

재료 딱딱이 복숭아 4개, 물 400ml, 설탕 130g, 바닐라빈 1티스푼, 레몬주스 1스푼,
라즈베리 퓌레 40g

1. 물, 설탕, 바닐라빈, 레몬주스를 냄비에 넣고 끓인다.
2. 딱딱이 복숭아는 씻어서 반으로 자르고 끓는 시럽에 담가 중불에서 10분 정도 끓여 낸다.
3. 분홍색이 된 남은 시럽은 졸여 준다.
4. 복숭아의 껍질을 벗기고 냉장고에 보관해 둔다.
5. 먹기 직전에 복숭아를 담고, 라즈베리 퓌레를 곁들인다. 졸여 둔 시럽도 뿌려 준다.
6. 기호에 따라 아이스크림을 곁들이면 좋다.

● 시원하게 즐기는 가루 말차와 팥양갱, 쑥파운드케이크

말차는 차양막을 사용해 햇빛을 차단시켜 기른 찻잎으로 만든 가루 녹차의 한 종류이다. 말차와 뜨거운 물을 부어 격불해서 바로 마시는 방법이 있고, 진하고 걸쭉하게 만들어 얼음과 우유를 넣고 말차아이스라테를 만들어 마실 수도 있다. 부드럽고 고소한 연둣빛 말차 한 잔은 차 생활을 더욱 다채롭게 해 준다.

팥은 단백질과 섬유질, 철분, 비타민 B 등이 풍부한 식품이다. 체내 대사 기능을 돕고, 피로 해소와 빈혈 예방에도 효과적이다. 말차와 팥양갱은 너무도 잘 어울리는 궁합이며 속을 편안하게 해 준다.

쑥파운드케이크는 건강에 유익한 쑥을 활용해 만든 디저트로, 쑥의 건강적인 효능과 파운드케이크의 부드러운 맛을 동시에 즐길 수 있는 티푸드이다.

아이스 말차 만들기(1인분)

재료 말차 가루 1.5g, 뜨거운 물 70ml, 얼음 70g

1. 유리 숙우나 다완에 말차를 넣는다.
2. 뜨거운 물을 붓고 차선으로 격불한다.
3. 미리 준비해 둔 그릇에 얼음을 넣고, 격불해 놓은 말차를 붓는다.
4. 얼음이 천천히 녹으면서 시원하고 좀 더 연한 차 맛을 즐길 수 있다.
※ 취향에 따라 시럽을 넣어도 무방하다.

티푸드. 팥양갱(4~5인분)

재료 팥앙금 300g, 한천 7g, 물 250ml, 설탕 100g, 물엿 20g, 소금 약간

1. 냄비에 물을 붓고 한천을 넣는다.
2. 한천이 투명해질 때까지 끓인다.
3. 설탕을 첨가해서 수분이 줄어들 때까지 끓인다.
4. 팥앙금과 소금을 추가하고 서서히 저어 가며 조린다.
5. 물엿을 넣고 3분 정도 약불로 끓여 마무리한다.
6. 완성되면 틀에 부어 굳힌다.
7. 보기 좋게 잘라 완성한다.

●
티푸드. 쑥파운드케이크(4인분)

재료 쑥 가루 30g, 박력분 150g, 무염버터 180g, 설탕 150g, 달걀 3개, 베이킹파우더 3g,
　　　소금 약간

1. 박력분과 베이킹파우더, 소금, 쑥 가루를 체에 밭쳐 놓는다.
2. 실온에 둔 버터를 부드럽게 크림화시킨다.
3. 설탕을 넣고 휘핑한다.
4. 달걀을 1개씩 넣고 분리 현상이 일어나지 않게 휘핑한다.
5. 체에 밭친 가루를 모두 넣고 잘 섞는다.
6. 유선지를 깔아 놓은 틀에 반죽을 붓고 가운데에는 칼집을 낸다.
7. 예열된 오븐에서 180℃로 25분간 굽는다.

● 대나무 속 죽통차와 흑임자수단, 바스크치즈케이크

대나무 속에 중작 정도의 발효차를 꽉 채우고 누른 다음 대나무통을 불로 그을리는 과정을 거쳐 만드는 죽통차. 불기운을 만나 그 속의 수분이 나오면서 차에 은은한 대나무 향이 입혀지는 것이 특징이다. 오래 둘수록 맛과 향이 달라지는 재미를 느낄 수 있다. 해차보다는 3~4년 지난 차로 만들었을 때 훨씬 맛이 좋다.

검정깨로 만든 경단이 들어간 흑임자수단은 따뜻하게 먹는 음식이다. 한 그릇 먹으면 속도 든든하고 몸을 보호한 듯한 기분마저 든다. 미리 준비해 둔 흑임자 경단으로 추운 날, 차와 함께 즐겨 보자.

바스크치즈케이크는 다른 케이크에 비해 설탕이 적게 들어가 달지 않은 디저트로, 풍부한 치즈의 맛과 질감을 좋아하는 사람들이 선호한다. 진한 치즈의 맛과 크리미함이 강조된 디저트이기 때문에 달콤함보다는 고소하고 깊은 맛을 즐길 수 있는데, 발효가 많이 된 차들과 잘 어울린다.

죽통차 우리기(2인분)

재료 죽통차 4g, 뜨거운 물 120ml

1. 죽통에 들어 있는 차를 칼로 조금씩 떼어 놓는다.
2. 다관과 찻잔을 예열하고, 예열에 사용한 물은 퇴수기에 버린다.
3. 다관에 죽통차를 넣고 95℃ 정도의 물을 부은 뒤 1분간 우린다.
4. 찻잔에 고르게 나누어 따르거나 숙우를 이용해서 따라도 무방하다.
5. 네 번까지 우려 마신다.

티푸드. 흑임자수단(3~4인분)

재료 흑임자 가루 100g, 찹쌀가루 300g, 설탕 30g, 뜨거운 물 180ml, 구기자 30g,
계화꽃 조금

1. 흑임자 가루에 설탕을 넣고 소를 만들어 놓는다.
2. 습식 찹쌀가루는 익반죽을 한다.
3. 속에 흑임자 가루를 넣고 경단을 만든다. 한꺼번에 만들어 놓고 냉동 보관하면
   사용하기 유용하다.
4. 뜨거운 물에 경단을 넣고 구기자도 넣은 뒤 같이 끓인다.
5. 먹기 직전에 계화꽃을 살짝 뿌린다.

티푸드. 바스크치즈케이크(4~5인분)

재료 크림치즈 300g, 달걀 2개, 생크림 200g, 박력분 13g, 설탕 70g

1. 실온에 둔 크림치즈를 부드럽게 풀어 준다.
2. 설탕을 넣고 설탕 입자가 녹을 때까지 섞는다.
3. 달걀을 풀어서 넣고 잘 저어 준다.
4. 생크림을 넣고 섞는다.
5. 박력분을 체에 쳐서 넣고 골고루 섞는다.
6. 체에 거른 후 틀에 담는다.
7. 예열된 오븐에서 220℃로 30~35분간 굽는다.
8. 한 김 식으면 냉장고에 넣어 차갑게 보관한 후 먹는다.

PART 7

다채롭게 즐기는
차와 티푸드 레시피

차의 대중화를 위해서는 누구나 차를 쉽게 접하고 즐길 수 있어야 한다. 따라서 이 장에서는 실생활에서 편하게 활용하고 다양하게 응용할 수 있는 차 레시피들을 소개한다. 차는 단순히 전통적인 음료로만 소비되는 것이 아니기에 현대적인 감각과 라이프 스타일에 적합한 응용 방법들이 개발될 필요가 있다. 차를 이용한 베이킹이나 디저트는 현대인들이 즐기는 카페 문화와도 잘 맞아떨어져서 더욱 폭넓은 활용이 가능할 것이다.

고소한 감칠맛의 말차라테

진하고 고소한 말차에 따뜻하게 거품 낸 우유를 더한 부드러운 음료이다. 감칠맛과 파스텔 톤의 고운 색상이 입과 눈에 즐거움을 준다.

말차라테

재료 말차 1.5g, 뜨거운 물 50ml, 따뜻한 우유 100ml

1. 잔을 예열해 놓는다.
2. 말차를 넣고 차선으로 격불한다(거품을 낸다).
3. 따뜻한 우유를 휘핑해서 조심스럽게 붓는다.

여름 입맛을 돋우는 아이스 말차라테

집에서 손쉽고 재미있게 만들 수 있는 시원한 아이스 말차라테. 녹색의 싱그러움과 말차 향이 더해져 고급스러운 음료가 된다. 우유를 거품 내어 사용하면 한층 더 부드럽게 마실 수 있고, 우유 대신 두유를 사용해도 좋다. 취향에 따라 시럽을 넣을 수도 있는데 달달하고 고소한 맛은 더위에 지친 몸과 마음을 한결 가볍게 해 준다.

아이스 말차라테(1인분)

재료 말차 3g, 실온의 물 30ml, 차가운 우유 150ml, 얼음 150g
1. 말차와 실온의 물을 넣고 가루를 잘 풀어 놓는다.
2. 유리잔에 얼음을 넣고 차가운 우유를 붓는다.
3. 풀어 놓은 말차를 가장자리에 돌려 가면서 붓는다.
4. 타고 내려가는 말차의 색상이 멋스럽게 퍼진다.
※ 취향에 따라 시럽을 첨가해도 좋다.

상큼, 달콤한 향의 냉침 블렌딩 발효차

날이 더워지면 차가운 음료를 찾게 되는데, 냉침 발효차는 아주 쉽게 차를 즐길
수 있는 여름 음료이다. 가향이 되어 있는 블렌딩 차들은 상큼하고 달콤한 향이
있어 차를 처음 접하는 사람들에게 인기가 많다.

냉침 블렌딩 발효차(2인분)

재료 블렌딩 발효차 7g, 실온의 물 500ml

1. 유리병에 발효차를 넣는다.
2. 실온의 물을 넣는다.
3. 냉장고에 6시간 정도 넣어둔다.
4. 유리잔에 따라 마시면 시원하게 느껴져 더욱 좋다.

※ 유리병에서 진하게 우렸다면 얼음을 충분히 넣고 시럽을 첨가해 즐길 수도 있다.

※ 간편하게 티백을 사용할 때에는 티백을 5개 정도 우리면 된다.

신속하게 만들어 시원하게 마시는 냉침 아이스티

대작(큰 잎 녹차)은 가격이 저렴하고 맛도 보편적으로 좋아서 무더운 여름, 맑고 시원한 아이스티로 만들어 마시기 좋다. 손님이 오셨을 때도 청량감이 좋은 여름용 차로 내기 적당하다. 냉장고에서 오랜 시간 우려 냉침하는 방법이 아닌 얼음을 이용하므로 빠르게 준비할 수 있다는 장점이 있다. 취향에 따라 탄산수나 레몬을 응용하면 더욱 좋다.

급속 냉침 아이스티(2인분)

재료 대작 6g, 뜨거운 물 40ml, 얼음 150g, 탄산수 500ml, 레몬 슬라이스 한 조각

1. 찻잎을 그릇에 담고 뜨거운 물을 부은 뒤 3분간 둔다.
2. 찻잎 위에 얼음덩어리를 올려 급속 냉각시킨다. 이는 쓰고 떫은맛을 방지하고 빠르게 우러나도록 하기 위함이다.
3. 거름망을 이용해 우린 찻물을 잔에 담는다.
4. 탄산수를 넣고 레몬 슬라이스를 띄운다.

※ 레몬을 한 조각 띄우면 산뜻한 맛과 레몬 향을 동시에 즐길 수 있어 기분이 상쾌해진다.

녹차의 에스프레소! 한 방울 농차(눈물차)

작은 소형 다관에 녹차를 가득 넣고 실온의 물 혹은 온도가 50℃ 미만인 물을 다관에 부어서 진하게 우린다. 그 후 눈물처럼 한 방울씩 잔에 떨어뜨리고 5ml 정도의 차를 혀끝에 살짝 올려 음미하며 마시는 차가 농차이다. 농차는 진한 차라는 의미를 가지고 있다. 차에 있는 아미노산의 맛을 극대화해서 마시는 방법으로 녹차의 에스프레소 같은 개념으로 봐도 될 듯하다.

한 방울 농차(4인분)

재료 녹차 5g, 30℃의 물 15ml

1. 다관에 녹차를 넣고 물을 붓는다.
2. 6분간 우린다.
3. 우린 차를 작은 잔에 한 방울씩 여러 차례에 걸쳐 떨어뜨린다.
4. 잔에 몇 방울이 모이면 음미하면서 마신다.

※ 증제차와 덖음차를 비교한다면 각각의 차 맛을 다르게 즐길 수 있고, 색다른 차 맛을 경험하기에도 충분한 차이다.

피부 미용과 면역력에 좋은 감 껍질 홍차

발효차에 말린 감 껍질과 감꼭지를 넣고 끓여 마시는 차이다. 감꼭지에는 비타민 성분이 많아 대용차로 이용하고 있다. 우리 발효차와 같이하면 단맛이 더해져 어린이들도 가볍게 마실 수 있다.

감 껍질 홍차(2인분)

재료 발효차 2g, 말린 감꼭지 3개, 말린 감 껍질 30g, 물 300ml

1. 탕관에 발효차와 감꼭지, 감 껍질, 물을 넣는다.
2. 5분간 끓인다.
3. 숙우나 찻잔에 따라 마신다.

※ 탕관이란 물을 끓이는 도구, 즉 주전자를 의미한다.

묵은 녹차를 살리는 방법, 호지차

늦가을에 접어들면 녹차에서 묵은 향이 나기도 한다. 이럴 땐 약간의 변화를 줘서 색다른 맛으로 즐기는 것도 재미있다. 약불에서 천천히 덖으면 고소한 향이 올라오기 시작한다. 연한 갈색이 될 때까지 덖어 우려 마시면 구수한 차를 즐길 수 있다.

호지차(2인분)

재료 묵은 녹차 3g, 뜨거운 물 150ml

1. 프라이팬은 깨끗하고 냄새가 나지 않는 걸로 준비한다.
2. 프라이팬에 녹차를 넣고 약불에서 10~15분간 저어 가며 갈색이 날 때까지 볶는다.
3. 다관과 찻잔은 예열한다.
4. 다관에 볶은 녹차를 넣고 뜨거운 물을 붓는다.
5. 1분간 우려서 숙우나 찻잔에 따라 마신다.

감기에 좋은 고뿔차

예전에는 큰 잎으로 차를 만들어 배탈이 나거나 감기에 걸렸을 때 마시는 고뿔차가 있었다. 이런 고뿔차는 떡차(청태전)에 대추, 생강을 넣고 끓여 만들 수 있다. 생강은 따뜻한 성질 덕분에 목감기에 좋으며, 대추는 몸을 보호하는 재료이면서 단맛을 주어 차와 잘 어우러지고 맛과 향을 돋운다.

고뿔차(3~4인분)

재료 떡차 1개, 대추 5알, 생강 2쪽, 물 600ml

1. 탕관에 떡차와 물, 대추, 생강을 한데 넣는다.
2. 약불에서 뭉근히 끓인다.
※ 기호에 따라 말린 귤껍질을 첨가하여 끓이면 향이 좋아진다.

부드러운 밀크티 한 잔

밀크티는 요즘 특히 인기 있는 음료 중 하나이다. 홍차에 우유를 섞어 만들어 부드럽고 달콤한 맛이 특징인데, 우리나라 발효차로 밀크티를 만들면 깊은 향과 우유의 고소함이 어우러져 더욱 매력적이다. 뜨겁게 마시면 따뜻한 위로를, 차갑게 마시면 상쾌한 기운을 느낄 수 있으며 언제 어디서나 편안하게 즐길 수 있는 완벽한 음료다.

발효차 밀크티(1인분)

재료 발효차 4g, 물 120ml, 우유 120ml, 설탕 4g

1. 냄비에 물을 넣고 끓인다.
2. 물이 끓으면 찻잎을 넣고 1분간만 끓이다가 불을 끄고 2분간 더 우린다.
3. 설탕과 우유를 넣고 조금 더 끓인다.
4. 거름망을 이용해 찻잎을 거른다.
5. 예열된 찻잔에 따른다.

※ 완성한 밀크티는 유리병에 담아 냉장 보관한다. 얼음을 첨가해 더욱 시원하게 즐겨도 좋다.

파스텔 그린의 말차 판나코타

저속노화에 대한 관심이 높아지면서 보다 건강한 재료인 차를 이용한 다양한 요리가 주목받고 있다. 그중에서도 말차를 활용한 디저트들이 인기를 끌고 있는데, 특히 말차 판나코타를 추천한다. 이 디저트는 부드러운 식감과 아름다운 파스텔 색상이 특징으로, 눈과 입을 동시에 즐겁게 해 준다. 말차 판나코타는 그릇에 바로 담아 굳히거나 틀에 넣어 모양을 낸 후 접시에 담아 먹을 수 있다. 또한 말차 가루나 팥소를 위에 올리면 더욱 풍미가 살아나고 시각적으로도 아름다운 장식을 완성할 수 있다.

말차 판나코타(2~3인분)

재료 말차 10g, 생크림 150ml, 우유 150ml, 설탕 40g, 판젤라틴 3장,
　　　 바닐라빈 약간(엑스트랙트로 대체 가능)

1. 판젤라틴은 차가운 물에 불린다.
2. 말차는 체에 쳐서 준비한다.
3. 냄비에 생크림과 우유, 설탕, 말차, 바닐라빈을 같이 넣고 약불에서 데운다.
4. 불려 놓은 젤라틴의 물기를 꼭 짜서 냄비에 넣고 다시 섞는다.
5. 틀에다 부어 준다.
6. 냉장고에서 4시간 정도 굳힌다.

알록달록 차 화채

화채는 여러 계절 과일을 사용하여 만들 수 있는 다채롭고 상큼한 디저트로, 차 화채의 경우 차와 함께 과일 맛이 어우러져 남녀노소 누구나 즐길 수 있는 티푸드가 된다. 각기 다른 과일의 색감과 맛이 차와 조화를 이루어 상쾌하면서도 깊이 있는 맛을 낸다. 특히 차의 은은한 향과 과일의 신선한 단맛이 만나 서로의 풍미를 극대화해 주기 때문에 한층 더 특별하다.

이런 차 화채는 간단하게 만들어도 고급스러운 느낌을 줄 수 있어 홈파티나 가족 모임 또는 많은 사람들이 모이는 행사에서 환영받는 메뉴다. 큰 볼에 담아 두면 여러 과일의 다채로운 색상이 한눈에 들어오며, 알록달록한 비주얼은 테이블을 화사하게 장식해 준다. 차는 개인의 취향에 따라 녹차, 홍차 또는 허브차 등 다양한 종류 중에서 선택할 수 있는데 차의 종류에 따라 색다른 맛과 향을 느낄 수 있다.

차 화채(4~5인분)

재료 발효차 또는 블렌딩 가향차 15g, 뜨거운 물 700ml, 제철 과일 200~300g, 시럽(취향껏)

1. 발효차에 90℃의 물을 붓고 5분간 우린다.
2. 우린 차는 냉장고에서 시원하게 보관한다.
3. 제철의 여러 과일을 작게 썰어 준비한다.
4. 큰 볼에 썰어 놓은 과일을 담고 우린 차를 붓는다.
5. 시럽은 취향에 따라 넣는다.
6. 유리그릇에 담아 낸다.

※ 과일은 색상이 서로 다른 것으로 선택하면 눈으로 먹는 즐거움이 있다.

※ 빠른 시간 안에 준비해야 한다면 차를 진하게 우려서 얼음을 첨가하거나, 시원한 탄산수를 이용해도 된다.

고소한 차 부침개

차는 단순히 음료로 마시는 것뿐만 아니라 다양한 요리에 활용할 수 있는 매력적인 재료이다. 특히 우전이나 세작과 같은 어린 찻잎은 부드럽고 은은한 단맛이 있어 부침개 재료로도 적당하다. 두어 번 우리고 난 찻잎을 넣어 부치면 은은한 녹차 향과 함께 담백한 맛을 더해 준다. 일반적인 채소 부침개에 찻잎을 더해 색다른 풍미를 즐겨 보자.

찻잎 부침개(2인분)

재료 우린 우전 찻잎 10g, 부침가루 150g, 물 100ml, 홍고추 약간, 식용유 적당량

1. 그릇에 찻잎과 부침가루, 물을 넣고 잘 섞는다.
2. 프라이팬에 기름을 넉넉히 두른다.
3. 큰 숟가락으로 반죽을 하나씩 떠서 프라이팬에 올린 후 지진다.
4. 다 익으면 홍고추를 고명으로 올려 마무리한다.
5. 차와 함께 곁들이면 좋다.

찻물에 밥을 말아 먹는 오차즈케

차를 이용한 색다른 음식을 소개한다. 일본에선 간편하게 식사할 때 찻물을 우리고 다시마, 간장 또는 시판되는 쯔유를 넣어 오차즈케 찻물을 만든다. 취향에 따라 담백하게 먹으려면 찻물만 넣어도 된다. 밥 위에 올라가는 재료들은 명란이나 두부, 다시마 졸임, 버섯 등 다양하다. 입맛 없는 날 찻물을 부은 오차즈케를 즐겨 보자.

명란 오차즈케(1인분)

재료 우린 녹차 물 150ml, 밥 1공기, 명란 1개, 식용유 적당량, 쪽파 약간

1. 찻물을 미리 우려 놓는다.
2. 명란은 속까지 익을 수 있게 칼집을 몇 개만 낸다.
3. 프라이팬에 식용유를 살짝 둘러 명란을 앞뒤로 굽는다.
4. 그릇에 밥을 담고 그 위에 구운 명란을 올린다.
5. 고명으로 쪽파를 올린다. (김 가루를 함께 뿌려도 좋다.)
6. 가장자리로 조심히 찻물을 따른다.

※ 냉장 보관으로 시원하게, 추울 땐 따뜻하게 먹어도 좋다.

채식인을 위한 두부 오차즈케(1인분)

재료 우린 녹차 물 150ml, 밥 1공기, 두부 1/4모, 다시마 50g, 간장 1스푼, 설탕 1스푼, 미림 1/2스푼, 식용유 적당량

1. 다시마를 불린 후 곱게 채 썬다.
2. 채 썬 다시마에 간장, 설탕, 미림을 넣고 조려 다시마조림을 만들어 둔다.
3. 찻물을 미리 우려 놓는다.
4. 물기를 제거한 두부를 네모나게 썰어 놓는다.
5. 프라이팬에 식용유를 두르고 두부를 굽는다.
6. 그릇에 밥을 담는다.
7. 밥 위에 구운 두부와 다시마조림을 올린다.
8. 가장자리로 조심히 찻물을 따라 완성한다.

※ 냉장 보관으로 시원하게, 추울 땐 따뜻하게 먹어도 좋다.

맺으며

단순한 음료에서
삶의 평온과 기쁨으로

차와 함께한 오랜 시간이 이 책으로 결실을 맺었습니다. 처음에는 단순한 기호 음료로 즐기기 시작한 차였지만, 어느새 삶의 한가운데에서 평온함과 고요함을 선물해 주는 존재로 자리 잡았습니다. 매일 마시는 차는 그 맛과 향이 매 순간마다 다르게 다가왔습니다. 오랜 경험이 필요한 것도 아니었지요. 그저 차와 함께하는 시간에 온전히 집중하고, 찻잔 속에서 소소한 즐거움을 찾아가는 것이 중요하다는 깨달음을 얻었습니다.

차는 우리에게 단순한 음료 이상의 의미를 줍니다. 바쁜 현대인의 삶 속에서 차는 잠시나마 고요한 안식을 선사합니다. 차 한 잔은 우리에게 휴식을 선물하며, 자신을 돌아보는 소중한 시간을 마련해 줍니다. 빠른 삶의 흐름 속에서 잠시 멈추고 차를 마시는 그 순간, 일상의 소란은 잦아들고 마음에 잔잔한 위로를 받게 됩니다. 우리를 더욱 깊고 넓게 만들어 줍니다.

이 책에는 차를 조금 더 깊이 알고 싶어 하는 분들에게 작은 도움이 되길 바라는 마음으로, 차의 기본적인 정보와 역사를 담았습니다. 내가 마시는 차가 어디서부터 시작되었는지, 어떤 과정을 거쳐 오늘에 이르렀는지 알고 나면 차를 대하는 마음이 한층 더 풍성해질 것입니다. 다구를 다루며 차를 우리는 그 행위는 마치 어릴 적 소꿉놀이를 할 때의 순수한 마음을 떠올리게 합니다. 손에 따뜻한 찻잔을 올리는 순간은 곧 나 자신을 대하는 시간이기도 합니다. 차와 함께하는 자리는 가족, 친구들과 소통하는 의미 있는 시간이 되어 줍니다.

이 책을 통해 독자들이 차 한 잔과 함께 일상에서 여유를 찾고, 그 여유가 더 큰 삶의 기쁨으로 이어지기를 소망합니다. 또한 우리 땅에서 자란 차와 계절에 맞는 티푸드를 함께 즐기면서, 우리 전통이 담긴 깊은 맛을 더욱 풍요롭게 경험하길 기대합니다.

저 역시 차와 함께한 수십 년 동안 작은 기쁨과 배움을 얻었습니다. 서투르게 차를 우리던 순간부터 차와 함께하는 시간이 제 일상의 중심이 되기까지, 차는 언제나 저에게 큰 위로와 기쁨을 주었습니다. 계절마다 다른 맛을 내는 차, 그리고 그와 어울리는 티푸드를 곁들이는 경험은 몸과 마음을 풍요롭게 채워 주었습니다. 여러분도 차와 함께하는 시간을 통해 일상의 작은 여유와 기쁨을 발견하시기를 바랍니다. 끝으로, 수많은 다회를 함께해 주신 회원님들과 가족, 그리고 이 책이 출간될 수 있도록 도와주신 모든 분들께 깊이 감사드립니다. 차와 함께하는 여러분의 일상이 따뜻하고 풍요로워지기를, 그리고 그 속에서 차가 주는 잔잔한 기쁨을 마음껏 누리시길 바랍니다.

이 책을 마치며, 여러분 모두에게 차 한 잔의 여유를 선물합니다.

참고문헌

관광지랭킹(https://www.korearank.com), "사천녹차단지", 검색일: 2024. 10. 11.

김세리·조미라, 《차의 시간을 걷다》, 열린세상, 2020.

농림축산식품부 지리적 표시 가이드북(https://www.mafra.go.kr), "보성녹차", 검색일: 2024. 10. 11.

류건집, 《한국차문화사》, 이른아침, 2007.

모오로카 다쓰모·이에이리 가즈오, 《조선의 차와 선》, 김명배 옮김, 보림사, 1991.

박동춘, 《고려시대의 차문화 연구》, 이른아침, 2021.

박동춘, 《박동춘의 한국차 문화사》, 동아시아, 2015.

브라이언 R. 키팅·킴 롱, 《완벽한 차 한 잔》, 벤치위머스, 2017.

서울역사편찬원, 《조선시대 서울의 차 문화》, 서울책방, 2021.

서은미, 《녹차 탐미》, 서해문집, 2017.

송해경, 《송해경 교수의 알기 쉬운 동다송》, 이른아침, 2023.

신정일, 《택리지: 제주도》, 다음생각, 2012.

오병훈, 《한국의 차그림 다화》, 차의세계, 2014.

유양석·유에스더, 《한국 차와 다원 가이드》, 좋은땅, 2021.

육우, 《다경주해》, 류건집 주해, 이른아침, 2016.

이진수·서유선, 《일본다도의 이해》, 이른아침, 2013.

정동효·윤백현·이형희, 《차생활문화대전》, 홍익재, 2012.

정민, 《새로 쓰는 조선의 차 문화》, 김영사, 2011.

정영선, 《한국 茶文化》, 너럭바위, 2002.

조기정·박용서·마승진, 《차의 과학과 문화》, 학연문화사, 2016.

한국향토문화전자대전(https://www.grandculture.net/korea), "왕의 차, 하동 녹차", 검색일: 2024. 10. 11.

차와 친해지는 시간

우리 차, 티푸드를 만나다

판 1쇄 발행   2025년 1월 3일

지은이 ㅣ 정순희
발행인 ㅣ 박상희
편집 ㅣ 강지예
디자인 ㅣ 박승아, 이시은, 박민지

펴낸곳 ㅣ 블랙잉크
출판등록 ㅣ 2023년 3월 16일, 제2023-00001호
주소 ㅣ 충청북도 음성군 삼성면 금일로1193번길 47 나동 1층 (27645)
전화 ㅣ 070) 8119-1867
팩스 ㅣ 02) 541-1867
전자우편(도서 및 기타 문의) ㅣ sangcom2020@naver.com
인스타그램 ㅣ www.instagram.com/Black_ink_main

책값과 ISBN은 뒤표지에 있습니다.
잘못 만들어진 책은 구매하신 서점에서 바꿔 드립니다.

블랙잉크는 커뮤니케이션그룹 상컴퍼니의 실용서 단행본 브랜드입니다.